草木南粤

吴健梅 ◎ 主编

山野篇

Caomu
Nanyue

SPM 南方出版传媒
广东科技出版社 | 全国优秀出版社
· 广州 ·

图书在版编目（CIP）数据

草木南粤. 山野篇 / 吴健梅主编. — 广州：广东科技出版社, 2019.12
　　ISBN 978-7-5359-7285-9

　　Ⅰ. ①草… Ⅱ. ①吴… Ⅲ. ①植物—介绍—广东 Ⅳ. ① Q948.526.5

中国版本图书馆 CIP 数据核字（2019）第 245065 号

出 版 人：朱文清
责任编辑：李　旻
装帧设计：友间设计
责任校对：陈　静
责任印制：林记松
出版发行：广东科技出版社
　　　　　（广州市环市东路水荫路 11 号　邮政编码：510075）
销售热线：020-37592148 / 37607413
http://www.gdstp.com.cn
E-mail：gdkjzbb@gdstp.com.cn（编务室）
经　　销：广东新华发行集团股份有限公司
印　　刷：广州市岭美文化科技有限公司
　　　　　（广州市荔湾区花地大道南海南工商贸易区 A 幢　邮政编码：510385）
规　　格：787mm×1092mm 1/16　印张 15　字数 285 千
版　　次：2019 年 12 月第 1 版
　　　　　2019 年 12 月第 1 次印刷
定　　价：98.00 元

如发现因印装质量问题影响阅读，请与广东科技出版社印制室联系调换（电话：020-37607272）。

致谢

书中的部分照片由以下朋友提供,在此表示诚挚感谢,他们是:

钟智明	袁华炳	吴侃侃
刘 蕾	蒋 虹	王庆节
何世华	蒋华平	李 志
叶钦良	丘文亮	周良云
丁 锤	李涟漪	

前言

Preface

广东省南濒南海,北依南岭,与湖南省、江西省接壤,西邻广西壮族自治区,东接福建省,总面积约178 000平方千米。总体地形是北高南低,粤西、粤北及粤东山地呈三面环形较高,粤中、珠江三角地势平缓,省内海拔超过1 000米的山峰有逾20多座,其中粤北的石坑崆,海拔1 902米,雄踞广东省第一高峰。

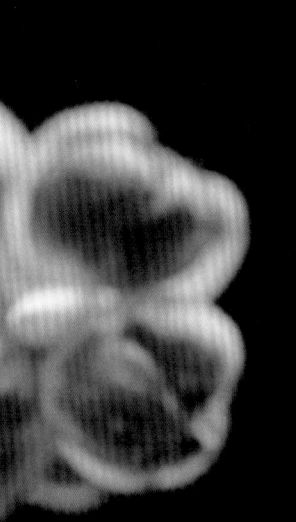

广东地处热带、南亚热带、中亚热带过渡地区，水热条件充沛，从南到北的植物分布差异显著。主要优势科有樟科、壳斗科、山茶科、大戟科、豆科、冬青科、芸香科、安息香科、金缕梅科等。其中国家一级重点保护植物有伯乐树、仙湖苏铁等；二级重点保护植物有土沉香、苏铁蕨等。

作者十多年来，常在广东省境内进行植物生态拍摄，曾多次进入韶关南岭、大峡谷、乐昌十二度水、南岭天井山、惠州南昆山、东莞银瓶嘴、梅州阴那山、蕉岭皇佑笔、肇庆鼎湖山、深圳梧桐山、紫金省级白溪自然保护区等地进行植物拍摄，记录了接近2 000种广东省野生植物。

本书精选出200种广东省内植物，对每一种植物，尽量汇集全株、花、叶、果、种子或者其他特征图片，试图还原物种的全面性，让植物爱好者、生态爱好者或者其他使用者更好、更全面地认识常见广东物种。该书使用的是恩格勒分类系统，按照植物的生活型分成乔木、灌木、草本、藤本四类。

在编写过程中，从照片的收集准备到植物图片种名鉴定、拉丁学名校正等系列工作中，得到许多花友的帮助，在此表示感谢。特别感谢中国科学院西双版纳植物园谭运洪老师、中国科学院华南植物研究所叶华谷老师、紫金白溪省级自然保护区钟智明老师、仙湖植物园黄义钧老师及香港嘉道理农场暨植物园张金龙博士等人的帮忙，以及深圳蒋华平老师、袁华炳先生在照片提供上的鼎力支持。也感谢广东科技出版社，让我得以借此机会分享多年来积累的植物图片及拍摄心得。

由于本人水平有限，书中难免有疏漏和错误之处，恳请广大读者批评和指正。

编者：吴健梅

2019.1.10

CONTENTS

目录

植物基础知识介绍 /001

乔木

深山含笑 /008
野含笑 /009
浙江润楠 /010
绒毛润楠 /011
短序润楠 /012
山鸡椒 /013
木荷 /014
天料木 /015
油桐 /017
木油桐 /018
五月茶 /019
山乌桕 /020
银柴 /023
白楸 /024
余甘子 /025

八角枫 /026
山油柑 /027
三桠苦 /028
鳖蛋锥 /029
紫玉盘柯 /030
烟斗柯 /031
罗浮柿 /032
黄牛木 /033
木竹子 /034
岭南山竹子 /036
露兜树 /037
假苹婆 /038
银叶树 /039
两广梭罗 /040
红花荷 /041

枫香 /042

大果马蹄荷 /044

猴耳环 /045

土沉香 /046

杨梅 /048

猴欢喜 /049

鹅掌柴 /050

水团花 /051

香港大沙叶 /052

黄毛榕 /053

构树 /054

伯乐树 /055

南酸枣 /056

野漆 /057

盐肤木 /058

破布叶 /059

水东哥 /060

鼠刺 /061

广东木瓜红 /062

陀螺果 /064

尖嘴林檎 /065

黄槿 /066

海桑 /067

无瓣海桑 /068

木榄 /069

秋茄树 /070

海杧果 /071

五列木 /072

杉木 /073

马尾松 /074

CONTENTS
目录

灌木

梅叶冬青 /078
毛冬青 /079
杜鹃花 /080
毛棉杜鹃花 /081
吊钟花 /082
齿缘吊钟花 /083
桃金娘 /084
岗松 /085
赤楠 /086
毛菍 /087
野牡丹 /088
地菍 /089
白背叶 /090
黑面神 /091
红背山麻杆 /092

毛果算盘子 /093
金樱子 /094
石斑木 /095
粗叶榕 /096
薜荔 /097
构棘 /098
栀子 /099
九节 /100
玉叶金花 /102
狗骨柴 /103
莲座紫金牛 /104
鲫鱼胆 /105
白花灯笼 /106
枇杷叶紫珠 /107
牛眼马钱 /108
亮叶崖豆藤 /109
菝葜 /111
假鹰爪 /112

紫玉盘 /113
山椒子 /114
豺皮樟 /115
飞龙掌血 /116
地桃花 /117
多花勾儿茶 /118
常山 /119
黄花倒水莲 /120
羊角拗 /122
细轴荛花 /123
了哥王 /124
草珊瑚 /125
老鼠簕 /126
草海桐 /127
檵木 /128
牛耳枫 /129

草本

毛麝香 /132
波斯婆婆纳 /133
尾花细辛 /134
地锦苗 /135
青葙 /136
紫花地丁 /137
虎耳草 /138
鹅肠菜 /139
飞扬草 /140
小叶冷水花 /141
野蕉 /142
姜花 /143
阳荷 /144
金钮扣 /145
藿香蓟 /146
假臭草 /147
白花鬼针草 /148
野茼蒿 /149
金线兰 /150
石仙桃 /151

独蒜兰 /152
橙黄玉凤花 /153
紫纹兜兰 /154
鹤顶兰 /155
竹叶兰 /156
流苏贝母兰 /157
苞舌兰 /158
铜锤玉带草 /159
半边莲 /160
羊乳 /161
韩信草 /162
活血丹 /163
马齿苋 /164
野百合 /165
萱草 /166
山菅兰 /167
华重楼 /168
日本蛇根草 /169
垂序商陆 /170
车前 /171

石萝藦 /172
蕺菜 /173
虎杖 /174
杠板归 /175
火炭母 /176
华凤仙 /178
红孩儿 /179
紫背天葵 /181
唇柱苣苔 /182
红花酢浆草 /183
积雪草 /184
刺芹 /185

CONTENTS

目录

野菰 /186
匙叶茅膏菜 /187
圆叶节节菜 /188
含羞草 /189
猪屎豆 /190
香港双蝴蝶 /191
厚藤 /192
五爪金龙 /193
金钱蒲 /194
犁头尖 /195

浆果薹草 /196
黑莎草 /197
金毛狗 /198
深绿卷柏 /199
翠云草 /200
芒萁 /201
石韦 /202
苏铁蕨 /203
乌毛蕨 /204

藤本

刺果藤 /208
白花油麻藤 /209
山橙 /210
蔓九节 /211
鸡矢藤 /212
鸡眼藤 /213
羊角藤 /214
锡叶藤 /215
东风草 /216
微甘菊 /217

无根藤 /218
龙珠果 /219
两面针 /220
野木瓜 /221
钩吻 /222
石柑子 /223
阔叶猕猴桃 /224
罗浮买麻藤 /225
海金沙 /226
伏石蕨 /227

植物基础知识介绍

一 检索顺序

乔木

植株一般高大，主干显著而直立，在距离地面较高处的主干顶端，由繁盛分枝形成广阔树冠的木本植物，如杉树、松树、樟树等。

灌木

植株较为矮小，无明显主干，近地面处枝干丛生的木本植物，如桃金娘、杜鹃花、石斑木等。

藤本

茎干细长不能直立，匍匐地面或攀附他物而生长的，统称为藤本植物，如无根藤、锡叶藤、龙珠果等。

草本

茎内木质部不发达，木质化组织较少，茎干柔软，植株矮小的植物，如华凤仙、半边莲、韩信草等。

花的结构制作：温健仪　　叶的基础知识图绘制：杨启尧　　花序、果实、根茎图绘制：张茗烨

二 常用植物术语图解

1. 花的基础知识

（1）完全花的结构图

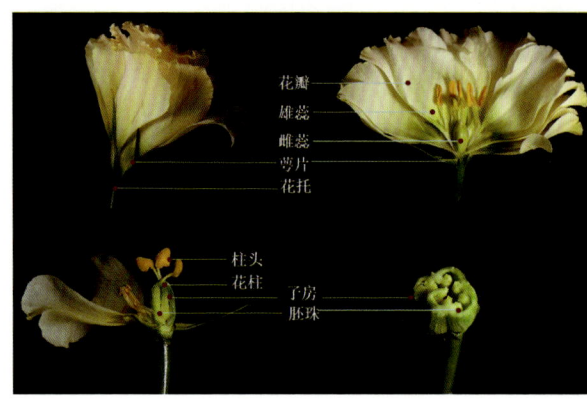

雄蕊：花的雄性生殖器官，由花药和花丝组成。
雌蕊：花的雌性生殖器官，典型的由柱头、花柱和子房组成。
花瓣：花冠的单个裂片或部分，常有色或白色。
花托：着生花部器官的花梗部分。

（2）花序图

a.总状花序

b.穗状花序

c.柔荑花序

d.伞房花序

e.头状花序

f.圆锥花序

g.伞形花序

b.二歧聚伞花序

002　·草木南粤（山野篇）

2. 叶的基础知识

（1）叶的结构图

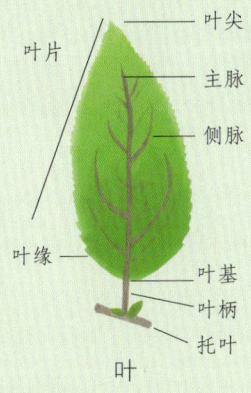

叶尖：距叶着生点最远的位点。
叶缘：叶片的边缘。
叶柄：叶的柄。
托叶：某些叶柄基部成对的叶状附属物。
主脉：网状脉的叶片中，叶片中央自叶柄至叶端的一条茎脉。
侧脉：网状脉的叶片中，从主脉分出的叶脉。
叶基：叶片的基部。

（2）叶型图

单叶　　掌状复叶

奇数羽状复叶　　偶数羽状复叶

二回偶数羽状复叶　　三回奇数羽状复叶

（3）叶序图

交互互生　　二列状互生　　簇生

交互对生　　二列状对生　　轮生

莲座状集生　　成束簇生

植物基础知识介绍　003

（4）叶形图

（5）叶缘图

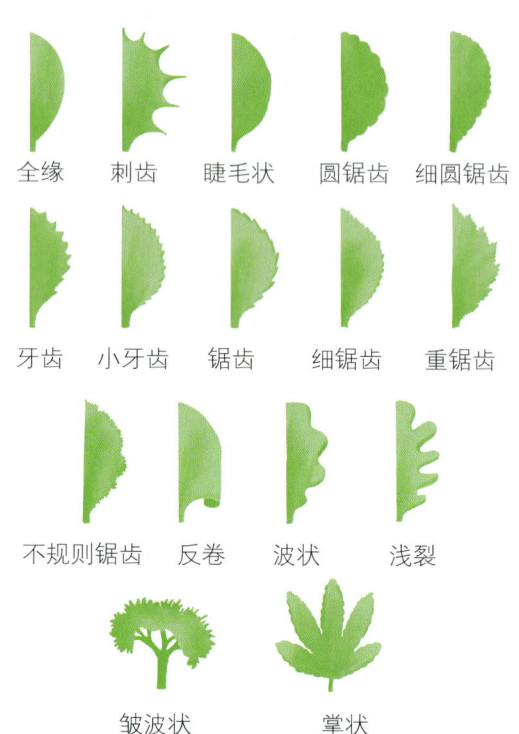

3. 果实的基础知识

4. 根的基础知识

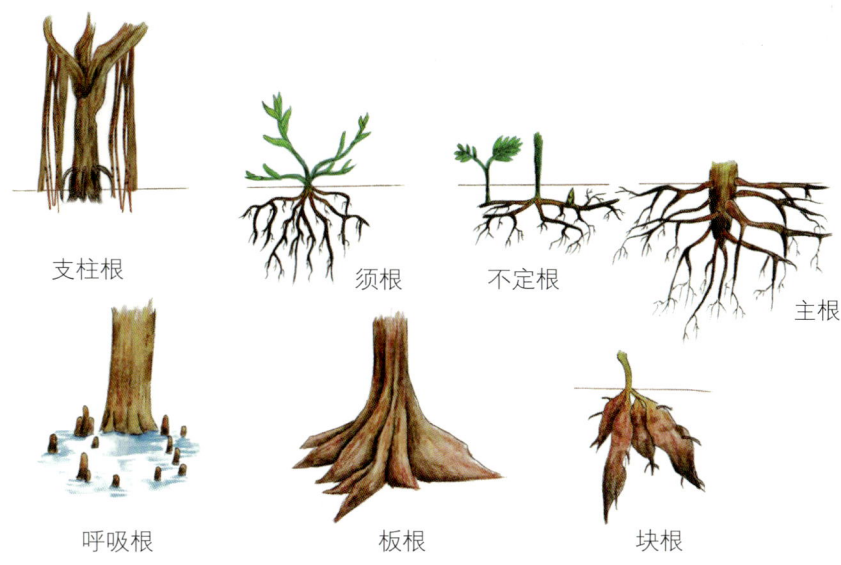

5. 茎的基础知识

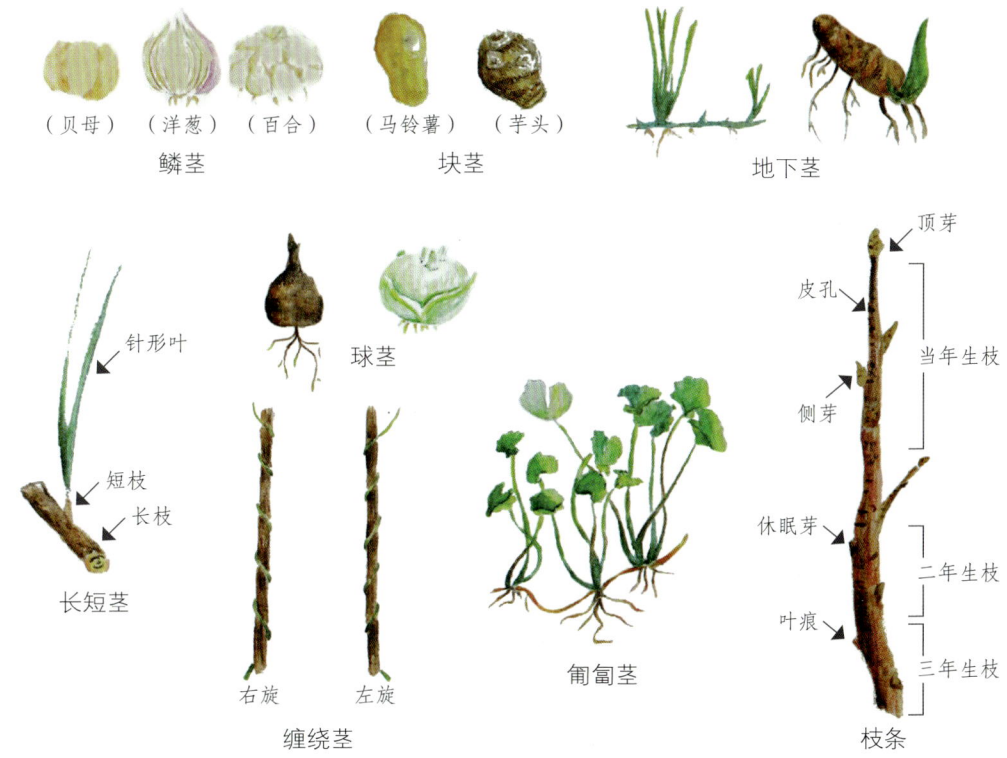

乔木

草木南粤（山野篇）

QIAOMU

花

深山含笑

别　名 莫夫人含笑、光叶白兰
科　属 木兰科含笑属
拉丁学名 *Michelia maudiae* Dunn

含笑属 *Michelia* 是源于意大利植物学家 Pietro Antonio Micheli（1679—1737）的名字。

常绿乔木。叶革质，长圆状椭圆形，上面深绿色，有光泽，下面灰绿色，被白粉。花芳香，纯白色。聚合果穗状，种子红色。花期1—3月，果期9—10月。生于密林中。分布于华南、华中及西南。

深山含笑是华南地区早春开花的植物之一。每年刚踏入新年元旦，深山含笑就陆续开放，香气弥漫。现有栽培作园林观赏植物，为优良园林观赏和造林树种。

全株

花

野含笑

科　属　木兰科含笑属
拉丁学名　*Michelia skinneriana* Dunn

叶

植株

果实

花朵背部

常绿乔木。叶革质，狭倒卵状椭圆形，叶面深绿色，有光泽。花梗细长，花淡黄色，芳香。聚合果弯曲或较短。花期5—6月，果期8—9月。生于海拔1 200米以下的山谷、山坡、溪边密林中。分布于浙江、江西、福建、湖南、广东、广西。

野含笑在惠州南昆山分布较多。本种与含笑 *Michelia figo* （Lour.） Spreng. 相近似，前者为乔木，后者为广泛栽培观赏灌木。

花

花

浙江润楠

科　属　樟科润楠属
拉丁学名　*Machilus chekiangensis* S. K. Lee

果实

植株

花

润楠属*Machilus*源于印度语machilos（一种植物名）。

乔木。叶常聚生小枝枝梢，倒披针形，革质。花小，黄绿色。果球形，宿存花被裂片，成熟时黑色。花期2—5月，果期6—7月。生于山坡疏林中。分布于浙江、福建、广东、香港。

浙江润楠的冠形优美，可用作道路、庭园绿化。

植株

绒毛润楠

科　属　樟科润楠属
拉丁学名　*Machilus velutina* Champ. ex Benth.

乔木，高可达5米。叶倒卵状长圆形，先端渐狭，基部多少圆形，革质，上面无毛。花序短，丛生小枝枝梢，密被黄褐色短绒毛；花被裂片薄，长椭圆形，两面均被绒毛。果球形。花期3月，果期4月。生于灌木丛中或密林中。分布于福建、广东、香港、江西、浙江。

本种与黄绒润楠*Machilus grijsii* Hance区别在于：绒毛润楠叶基部楔形，圆锥花序单独或2～3个成束生小枝顶。黄绒润楠叶基部圆形，圆锥花序丛生小枝顶。

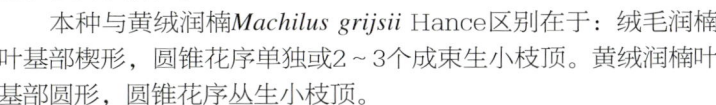

果实

嫩叶

花

植株

短序润楠

别　　名　较树、白皮槁
科　　属　樟科润楠属
拉丁学名　*Machilus breviflora* (Benth.) Hemsl.

花

乔木。叶略聚生于小枝先端，倒卵形至倒卵状披针形，先端钝，基部渐狭，革质，两面无毛。圆锥花序3～5个，顶生，常呈复伞形花序状；花绿白色。果球形。花期7—8月，果期10—12月。生山地或山谷阔叶混交疏林中，或生于溪边。分布于广东、海南、香港、广西。

春天的时候，经常从茎上冒出鲜红色嫩叶，引人注目，不失为一种观叶植物。

嫩叶

果实

山鸡椒

别　名　山苍子、山胡椒
科　属　樟科木姜子属
拉丁学名　*Litsea cubeba* (Lour.) Pers.

花

果实

未成熟果实

落叶灌木或小乔木。叶纸质，互生，有香气，披针形或长圆形。花小，淡黄色，花被片6。果近球形，成熟时黑色。花期2—3月，果期7—8月。生长于向阳的山地、灌丛、疏林或者林中路旁。分布于华南、华中、华东及西南。

华南早春，山上到处可见一丛丛黄色的山鸡椒，引蜂惹蝶，是冬末春初开花的先锋植物之一。果皮是提取柠檬醛的原料；种子含油约40%，可作工业用油。叶、果均可入药，有祛风散寒、消肿止痛之效。

植株

木荷

别　　名　荷木、荷树
科　　属　山茶科木荷属
拉丁学名　*Schima superba* Gardn. & Champ.

植株

果实

果实和种子

大乔木。叶革质，椭圆形，先端尖锐，边缘有钝齿。总状花序，花白色，花瓣边缘有毛。蒴果熟后5裂。花期5—8月，果期10—12月。生于低海拔次生林中。分布于华南、华东、西南。

木荷是华南区常见的防火树种之一，其鲜叶含水率达51.85%，着火温度约453.0℃，起到了防火阻隔的效果；同时，亦可作材用，增加经济效益。

花

花

花特写

灌木或小乔木。叶片纸质，椭圆形，边缘有锯齿。总状花序穗状，花白色，花瓣匙形，边缘有睫毛。蒴果倒圆锥形。花期全年，果期9—12月。生于山坡林中、林缘和灌丛中。分布于江西、广西、广东、香港、福建、海南。

树冠呈塔形，树姿优美，花洁白淡雅，且花期长，极具观赏价值，为优良的乡土绿化树种，国内一些植物园已经栽培作园林观赏植物。

天料木

别　　名　越南天料木
科　　属　大风子科天料木属
拉丁学名　*Homalium cochinchinense* (Lour.) Druce

全株

全株

　　油桐属 Vernicia 来源于拉丁文 vernicis（漆），指种子可榨取桐油。本种是我国重要的工业油料植物。

　　落叶乔木。叶卵形或阔卵形，叶柄顶端有2红色腺体。花雌雄同株，花瓣白色，有淡红色脉纹。核果球形，果皮光滑，种子3~8粒。花期3—4月，果期8—11月。生于丘陵地区。分布于西南、华南、华东。

　　油桐在我国栽培历史悠久，远在唐代陈藏器所著《本草拾遗》中就有关于油桐栽培和利用的历史记载。唐宋以后，油桐在我国南方山区广为栽培，桐油主要用于照明、涂抹农家具和船舶，也可用于治疗疥疮肿毒。

果实

花

油桐

别　　名　三年桐、桐油树
科　　属　大戟科油桐属
拉丁学名　*Vernicia fordii* (Hemsl.) Airy Shaw

叶片

植株

果实

落叶乔木。叶阔卵形，全缘或呈4~7裂，叶柄顶端具有2枚杯状腺体。花雌雄异株，偶有雌雄同株；花瓣白色，基部紫红色脉纹。核果卵球状，果皮有纵棱和网状皱纹；种子3颗，扁球形，有瘤体或疣突。花期4—6月，果期7—10月。生于疏林中。分布于西南至东南。现有人工栽培。广东省多为木油桐，油桐极少。

木油桐和油桐容易混淆，二者区别在于：木油桐的叶片通常2~5浅裂，稀全缘；叶柄顶端腺体呈高脚杯状，果具3棱，有皱纹。油桐的叶片通常全缘，稀1~3浅裂；叶柄顶端腺体扁球形；果光滑，无棱。

种子

木油桐

别　名　千年桐、广东油桐、皱桐
科　属　大戟科油桐属
拉丁学名　*Vernicia montana* Lour.

叶

花

植株

五月茶

别名	污槽树
科属	大戟科五月茶属
拉丁学名	*Antidesma bunius* (L.) Spreng.

五月茶属 *Antidesma* 是希腊语anti（报答）+desmos（带），指树皮可制绳索。

乔木。叶片纸质，长倒卵形，两面无毛。雄花序为顶生的穗状花序；雄花：花萼杯状，裂片3~4，卵状三角形，内面常被柔毛；雄蕊3~4枚，着生在花盘内面。雌花序为总状花序；雌花：花萼和花盘与雄花相同；子房卵圆形，无毛，花柱3枚。核果球形，成熟时红色。花期3—5月，果期6—11月。生于山地疏林中。园林中有栽培。分布于华南、华东和西南。

果实成熟后鲜红色且叶片深绿，是优良园林观赏树种，常引来鸟类如红耳鹎等啄食果实。

果实　　　　　　　　　　花

乔木 · 019

果实

雌花

雄花

山乌桕

别　名　膜叶乌桕
科　属　大戟科乌桕属
拉丁学名　*Triadica cochinchinensis* Lour.

020 · 草木南粤（山野篇）

乔木。叶纸质，椭圆形或长卵形，全缘。花单性，雌雄同株，雌花生于花序轴下部，雄花生于花序轴上部或有时整个花序全为雄花。蒴果黑色，种子近球形，外薄被蜡质的假种皮。花期4—6月，果期7—11月。生于山谷或山坡混交林中。分布于我国长江以南各省区。

当秋天来临的时候，山乌桕的老叶经霜变红，是颇有观赏价值的秋色叶类树种，适合乡土绿化，同时亦是蜜源植物。

叶基的腺体

红叶

植株

雄花

雌花　　　　　　　　　茎

未成熟果实　　　　成熟果实，露出橙红色种皮

银柴

别　　名　山咖啡、大沙叶
科　　属　大戟科 银柴属
拉丁学名　*Aporusa dioica* (Roxb.) Müll. Arg.

银柴属*Aporusa* 是希腊语aporos（贫乏）的意思，指花无花瓣及花盘。

乔木。叶片革质，椭圆形、倒卵形或倒披针形，全缘或具有稀疏的浅锯齿。雌雄异株，花小，黄绿色；雄穗状花序长，雄蕊2～4枚；雌花序短，花柱2枚。蒴果圆形，种皮橙红色肉质。花期、果期近全年。生于山地疏林中。分布于广东、海南、广西、云南、香港、澳门。

旧时社会，用木柴当作燃料，银柴常被当作木柴砍伐；另外，其树干银白色，看似枯木，故名"银柴"。

全株

果实

叶基的腺体

蚂蚁吸食蜜汁

叶背

白楸

别　名：黄背桐、白叶子
科　属：大戟科 野桐属
拉丁学名：*Mallotus paniculatus* (Lam.) Müll. Arg.

野桐属*Mallotus*是希腊语mallotos（具软毛），指果被白色软毛。

乔木或灌木。叶互生，卵状三角形，嫩叶两面均被毛，基部近叶柄处具斑状腺体2个。花雌雄异株，花小，黄绿色。蒴果扁球形，种子球形，黑色。花期7—10月，果期11—12月。生于林缘或灌丛中。分布于云南、贵州、广西、广东、香港、海南、福建。

白楸和白背叶*Mallotus apelta*（Lour.）Müll. Arg.主要区别在于：白背叶多为灌木形态，球形蒴果的软刺不明显；白楸多为乔木形态，蒴果披有明显的短刺。

植株

雄花

雌花

花

余甘子

别　名　油甘子、油甘树
科　属　大戟科叶下珠属
拉丁学名　*Phyllanthus emblica* L.

植株

果实

落叶乔木或灌木。叶纸质至革质，单叶互生，狭长矩圆形，全缘，无毛。花小，单性同株，花淡黄色。核果球状。花期3—6月，果期7—12月。生于山地疏林向阳处。分布于华南、华东以及西南。

大戟科植物家族中，有毒者多，令人退避三舍，而余甘子果实却无毒，成熟后可以鲜食。初入口时苦涩，咀嚼后回味良久，则变得甘甜，像人生的际遇，先苦后甘，余味无穷。有止咳祛痰功效。

乔木·025

花枝

幼苗

八角枫

别　名　华瓜木、水芒树
科　属　八角枫科八角枫属
拉丁学名　*Alangium chinense* (Lour.) Harms

　　落叶乔木或灌木。叶纸质,近圆形或椭圆形、卵形,边缘全缘或微波状;不定芽发出的叶片轮廓近圆形或心形,边缘5~7浅裂。花朵基部黏合,上部开花后反卷,初为白色,后变黄色。核果卵圆形,成熟后黑色。花期5—7月,果期7—11月。生于山地或疏林中。分布于华东、华南、西南、华中、西北。

　　八角枫的叶形多变,嫩叶的时候有多个角,老叶叶形相对稳定不分裂;叶基也不对称,一侧微向下扩张,另一侧向上倾斜。根有毒,含生物碱。

植株

果实

山油柑

别　　名　石苓舅、降真香
科　　属　芸香科山油柑属
拉丁学名　*Acronychia pedunculata* (L.) Miq.

花

山油柑属 *Acronychia* 是希腊语 akros（在顶尖的）+onyx（爪），指花瓣的先端爪状。

乔木。叶对生，纸质，矩圆形至长椭圆形，全缘，常有波纹。花两性，黄白色。核果淡黄色，平滑，半透明，近圆球形而略有棱角。花期4—8月，果期8—12月。生于丘陵坡地杂木林中。分布于广东、香港、广西、云南。

搓揉叶片，有柑橘香味。根、叶、果入药，能行气活血、健脾、止咳化痰。鲜果可生吃，富含水分，清甜。

花

植株

果实

叶

三桠苦

别　　名 三丫苦、三岔叶
科　　属 芸香科蜜茱萸属
拉丁学名 *Melicope pteleifolia* (Champ. ex Benth.) T. G. Hartley

全株

花

未成熟果实

小乔木。叶纸质，3小叶，小叶长椭圆形，通常生于中间的1片小叶较大；全缘，油点多，有香味。花序腋生，花小而多；花瓣淡黄或白色，常有透明油点。果椭圆形，茶褐色。花期4—6月，果期7—10月。常见于山谷、山坡林中。分布于华南及云南。

著名的广东凉茶"廿四味"包含了24种植物草药，其中一种是三桠苦，用其根、茎、枝作消暑清热剂，治疗感冒发烧。

花

黧蒴锥

别　名　大叶栲、黧蒴栲、黧蒴
科　属　壳斗科锥属
拉丁学名　*Castanopsis fissa* (Champ. ex Benth.) Rehder & E.H.Wilson

果实

植株

乔木。叶长椭圆形至倒披针状长椭圆形，边缘有波状齿或钝锯齿。雌花单生于总苞内。壳斗卵形至椭圆形，外面有褐色鳞秕；坚果卵形或圆锥状卵形。花期4—6月，果期10—12月。生于坡地、山谷林中。分布于广东、香港、广西、贵州、湖南、江西、福建。

华南地区常见的先锋树种之一，多生长于向阳坡。种子含有淀粉，味道苦涩。旧时粮食紧缺的时候，常用种子打磨成粉拌野菜蒸熟充饥。

种子

花

紫玉盘柯

别　名　大果石柯、饭箩楮、马驿树
科　属　壳斗科柯属
拉丁学名　*Lithocarpus uvariifolius* (Hance) Rehd.

乔木。叶革质或厚纸质，倒卵形、倒卵状椭圆形，叶缘近顶部有少数浅裂齿或波浪状，很少全缘。雄花序穗状，生于枝顶部；雌花常生于雄花序轴的基部。坚果半圆形，顶部圆或近平坦。花期5—7月，果翌年10—12月成熟。生于山地常绿阔叶林中。分布于福建、广东、广西。

坚果硕大，直径达6厘米左右，光滑，有较高的观赏性，可以用来制造手工艺品。种仁含丰富淀粉，口感鲜甜，一些野生动物喜欢进食。

· 种子的防御：啮齿动物vs坚果

啮齿动物和坚果关系非常密切，协同进化表明：一种生物体的变化，可以导致另一种生物体的变化。

啮齿动物的发展，让坚果们面临矛盾中：一方面要想办法让种子传播出去，另一方面又要面临失去种子的可能性（被啮齿动物吃掉了）。

坚果的种子外壳坚硬，逼使啮齿动物把种子带走，在安全的洞里咬开它们后再进食可口的种仁。可是，啮齿动物经常会忘记匿藏坚果的位置，或者还没来得及吃掉这些种子就死亡了，这样，坚果反而幸存下来而得到传播。

果实

果实

全株

果实和种子

烟斗柯

别　　名　石锥、烟斗子、黄槠
科　　属　壳斗科柯属
拉丁学名　*Lithocarpus corneus* (Lour.) Rehd.

坚果

全株

乔木。叶纸质或革质，椭圆形、倒卵状长椭圆形或卵形，叶缘有裂齿或浅波浪状。雌花通常着生于雄花序轴的下段。壳斗碗状，包裹坚果大部分，坚果半圆形，顶部圆，平坦或中央略凹陷。花期5—7月，果翌年同期成熟。生于山地常绿阔叶林中。分布于福建、湖南、贵州、广西、广东、云南。

种仁含丰富淀粉，可鲜食。其叶片相比紫玉盘柯*Lithocarpus uvariifolius*（Hance） Rehd.的叶片小很多，果形相似。

果枝

果枝

花

罗浮柿

别　名　乌蛇木
科　属　柿树科柿树属
拉丁学名　*Diospyros morrisiana* Hance

果实和种子

　　落叶灌木或乔木。叶互生，薄革质，椭圆形、长圆形或卵形。花腋生，花冠坛状，白色。肉质浆果近球形，黄色；种子近长圆形，栗色，侧扁。花期5—6月，果期8—11月。生于混交林中。分布于广东、香港、广西、云南、福建、浙江。

　　果实成熟后橘黄色，可以鲜食，味甜。有次，在香港西贡行山，发现路边有堆动物粪便，捣开后赫然看见有几粒柿子的种子，然后在不远处发现一株罗浮柿树，我们推测，粪便里的种子可能是动物吃了罗浮柿果实而排泄出来的。

果实

茎

黄牛木

别　名：黄牛茶、雀笼木
科　属：藤黄科黄牛木属
拉丁学名：*Cratoxylum cochinchinense* (Lour.) Blume

乔木。叶片椭圆形，纸质，两面无毛。花瓣粉红、深红至红黄色。蒴果椭圆形。花期4—5月，果期6月。生于丘陵或山地的干燥阳坡上的次生林或灌丛中，能耐干旱。分布于广东、广西、云南、香港。

黄牛木有深黄色的茎干，光滑的树皮。即使在无花、无果的情况下，都能轻易识别出它，特点鲜明。材质坚硬，纹理精致，供雕刻用，有些地方用枝条来制作鸟笼。根、树皮及嫩叶入药，治感冒、腹泻；嫩叶尚可作茶叶代用品。

全株

花

花

木竹子

别名 多花山竹子、山竹子、酸桐子
科属 藤黄科藤黄属
拉丁学名 *Garcinia multiflora* Champ. ex Benth.

小乔木。叶对生，革质，倒卵形、长圆状倒卵形至披针形，全缘，边缘反卷。花单性，浅黄色。浆果近球形。花期4—6月，果期11—12月。生于山地林中。分布于广东、香港、广西、福建、江西、云南。

果实成熟时黄绿色，果肉酸甜，可以鲜食；含有丰富的黄色乳汁和鞣质，食后容易粘牙，令牙齿染黄，不易洗干净。种子可以榨油、制造肥皂和润滑油，还可以药用，有消炎止痛、收敛生肌的功效。

果实

果实解剖图

全株

岭南山竹子

别　　名　竹桔、倒卵山竹子
科　　属　藤黄科藤黄属
拉丁学名　*Garcinia oblongifolia* Champ. ex Benth.

花

果实

　　藤黄属*Garcinia*是源于法国植物学家兼旅行家Laurent Garcin（1683—1751）的名字。

　　乔木。叶对生，薄革质，倒卵状矩圆形或倒披针形，全缘。花单性，淡黄色，雌雄异株。浆果近球形，花期4—5月，果期7—9月。多生于山地湿润肥沃的地方。分布于广东、广西、海南、香港、澳门。

　　虽然资料记载果实成熟后可以食用，但根据实际观察，果实累累高挂枝头却无人问津，甚至掉落地上腐烂，而不是像同属植物木竹子*Garcinia multiflora* Champ. ex Benth. 那样果实少见且容易被人摘光。可见，二者还是有颇大差异的。

果枝

全株

露兜树

别　名：簕芦、假菠萝
科　属：露兜树科 露兜树属
拉丁学名：*Pandanus tectorius* Parkinson ex Du Roi

小乔木，干分枝，常具气生根。叶革质，带状，边缘和下面中脉有锐刺。花淡黄色，芳香，稠密。聚花果头状，由50~80个小核果组成。花期1—5月，果期6—10月。生于海岸沙地。分布于广东、广西、海南、香港、福建、台湾。

叶缘布满密密麻麻的锐刺，一不小心会把皮肤划得流血，好像警告人类别太接近它。但是，一些居住在海边的居民，还是会想办法采摘下它成熟的聚花果，佐以甘蔗熬成糖水，放冰箱冷冻后享用，不失为一道夏日解暑美味糖水。

果实

花

假苹婆

别名 七姐果、赛苹婆
科属 梧桐科苹婆属
拉丁学名 Sterculia lanceolata Cav.

乔木。叶片纸质，狭椭圆形、披针形或椭圆状披针形，全缘。花杂性，无花冠，淡红色；萼片5。蓇葖果2～5，鲜红色；种子黑褐色，有光泽。花期4—5月，果期6—9月。生于山谷溪边。分布于广东、香港、广西、贵州、云南。现有园林栽培，作观赏植物。

蓇葖果成熟时裂开，鲜红的果皮上挂满晶亮黝黑的种子，十分抢眼。每每路人经过，抬头看到红艳艳的果实，往往会问："这果实能吃吗？"答案却是令人失望的："不能吃！"

全株

果实

果实裂开露出种子

叶背

银叶树

别　名　大白叶仔
科　属　梧桐科银叶树属
拉丁学名　*Heritiera littoralis* Aiton

果实

板根

花

果实

全株

乔木。叶革质，椭圆形或倒卵状椭圆形，下面密被银白色间有褐色的鳞秕。花单性，无花瓣；花萼近钟形，红褐色。蒴果狭椭圆状球形，不开裂，外缘有龙骨状突起。花期4—5月，果期6—10月。多生于高潮线附近的海滩内缘、滩地、海岸内陆。分布于广东、广西、福建、海南、香港、台湾。

叶片背面为银白色，因此得名"银叶树"，银色叶底可以反射水面折射的阳光，避免散失水分。本种有外形非常奇特的板根，根部成板状裸露在地面上，用以支持及呼吸作用。果实外皮具有充满空气的海绵组织，使之能漂浮海面，传播到远方。

裂开后的蒴果

梭罗树属 *Reevesia* 源于英国植物学家John Reeves（1774—1856）的名字。

乔木。叶革质，长圆形或卵状椭圆形，两面无毛。花瓣5片，白色。蒴果矩圆状梨形，有5棱；种子连翅。花期3—4月，果期6—10月。生于山坡上或山谷溪旁。分布于广东、香港、广西、海南、云南。

两广梭罗的雄雌蕊合体，即合蕊柱。一根粗长的花蕊从花朵中心伸出，其实是雄蕊联合围绕雌蕊，约15条花丝合成一个筒管包住雌蕊，看起来像柄。蒴果成熟爆裂后，带膜质翅的种子利用风力纷纷远离母株，避开竞争。

两广梭罗

别名：牛关麻、油在树
科属：梧桐科梭罗树属
拉丁学名：*Reevesia thyrsoidea* Lindl.

花

果实

植株

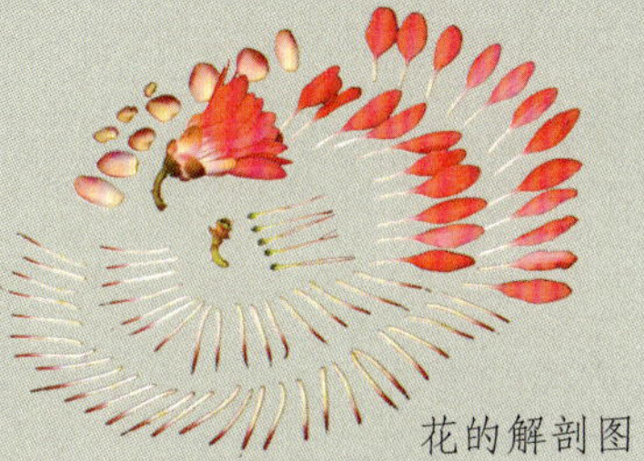

花的解剖图

红花荷

别　名：红苞木、吊钟王
科　属：金缕梅科红花荷属
拉丁学名：*Rhodoleia championii* Hook. f.

全株

花

果实

红花荷属*Rhodoleia*是希腊语rhodon（玫瑰花）+leios（平滑），指花红色而枝平滑。

常绿乔木。叶厚革质，卵形，叶面深绿色，叶背灰白色，全缘。头状花序，花红色，花瓣多，匙形。头状果序，蒴果卵圆形。花期2—4月，果期5—9月。生山地林中。分布于广东、广西、香港。现有园林栽培作观赏植物。

红花荷盛开时，层层叠叠，火红一片，常引来鸟类啄食花蜜，上下跳跃，活泼不已，名副其实的"鸟语花香"。花期尾声，落花跌落，铺满一地，花虽离枝，美色犹在，实在叫人不忍踩踏。

乔木·041

红叶

叶片

枫香

别　名　枫树、枫香树
科　属　金缕梅科枫香树属
拉丁学名　*Liquidambar formosana* Hance

植株

果实

花

高大乔木。叶轮廓三角形至心形，大小变异大，掌状3裂。雄花短穗状花序，雌花聚成1~2个头状花序。头状果序，圆球形，木质。花期4—6月。生于次生疏林中，常为上层优势树种。分布于秦岭淮河以南各省至广东、海南、台湾、香港。

枫香，是指枫树的树脂，有香气，供药用，其名见于《唐本草》。《唐本草注》云："树高大，叶三角，商、洛之间多有，五月斫（zhuó）树为坎，十一月采脂。"。唐朝诗人杜牧的《山行》中，有一句是："停车坐爱枫林晚，霜叶红于二月花"，形容枫叶秋天变红后，色彩鲜艳夺目，堪比春花。

大果马蹄荷

别　名	剃头刀树
科　属	金缕梅科马蹄荷属
拉丁学名	*Exbucklandia tonkinensis* (Lecomte) H.T.Chang

叶

乔木。叶革质，阔卵圆形或卵形，全缘，或有时掌状3浅裂。头状花序单生或数枚聚成总状花序，每一花序有花8朵，无花瓣。头状果序，有蒴果7~8枚。分布于广西、广东、香港、福建、江西、湖南、贵州。

大果马蹄荷除了叶片呈掌状3浅裂之外，还有1枚长圆形稍偏斜、长2~4厘米的托叶，特征非常明显。此外，果实是马蹄荷属中最大的，所以其名字冠以"大果"二字。

植株

猴耳环

别　名　围涎树、鸡心树
科　属　豆科猴耳环属
拉丁学名　*Archidendron clypearia* (Jack) I. C. Nielsen

果荚

乔木。二回羽状复叶；最下部的羽片有小叶3～6对，最顶部的羽片有小叶10～16对；小叶革质，斜菱形，顶部的最大，往下渐小。数朵聚成小头状花序，再排成顶生和腋生的圆锥花序；花冠白色或淡黄色；雄蕊长约为花冠的2倍。荚果旋卷；种子4～10颗，椭圆形或阔椭圆形，黑色，种皮皱缩。花期2—6月，果期4—8月。生于林中。分布于浙江、福建、台湾、广东、香港、广西、云南。

果荚旋卷弯曲，如猴子耳朵，故得名"猴耳环"，华南地区广布。树皮含单宁，可提取制作栲胶。

叶

植株

花

花枝

土沉香

别　名	白木香、女儿香
科　属	瑞香科沉香属
拉丁学名	*Aquilaria sinensis* (Lour.) Spreng.

乔木。叶互生，革质有光泽，卵形、倒卵形至椭圆形。花黄绿色，有芳香。蒴果木质，有宿存萼，2瓣裂开。种子基部有尾状附属物。花期4—6月，果期7月。生于林中。分布于广东、香港、广西、台湾、福建。

树干损伤后被真菌入侵寄生，木壁薄细胞内储存的淀粉在菌体酶的作用下发生一系列的变化后形成香脂，再经过多年沉寂而成，因此得名"沉香"，作香料及药用。国家二级重点保护野生植物。

果实和种子

果实

每年七月，蒴果成熟裂开后，种子悬挂半空，引来黄蜂咬食，黄蜂抱着种子半空摇晃，容易引来天敌的注意，于是干脆咬断丝线，把种子抱回巢穴安心享用。这是动植物的双赢法则，黄蜂取得了美味食物，同时也帮助土沉香扩大繁殖范围。

黄蜂抱走种子

全株

乔木 · 047

雌花

雄花

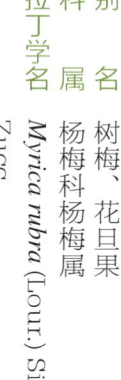
果实

杨梅

别　名	树梅、花旦果
科　属	杨梅科杨梅属
拉丁学名	*Myrica rubra* (Lour.) Siebold & Zucc.

全株

　　乔木。叶革质，楔伏倒卵形，边缘中部以上具稀疏的锐锯齿。花雌雄异株，雄花序单独或数条生于叶腋，雌花序常单生于叶腋。核果球状，有乳头状凸起，成熟时红色。花期2—4月，果期5—7月。生长于低山丘陵、向阳山坡或山谷中。分布于华南、华东、西南。

　　杨梅果实含有丰富的维生素C，味甜而偏酸，汁多肉厚，可生食或作干果。食用前先用盐水浸泡几分钟，以清洗表面细菌。

植株

猴欢喜

科　属　杜英科猴欢喜属
拉丁学名　*Sloanea sinensis* (Hance) Hemsl.

猴欢喜属*Sloanea*是源于英国植物学家Hans Sloane（1660—1752）的名字。

乔木。叶薄革质，长圆形或狭窄倒卵形，无毛，全缘或上半部有钝锯齿。花瓣4片，白色，雄蕊多数。蒴果3~7片裂开，多针刺；内果皮紫红色，种子黑色，有光泽，假种皮黄色。花期9—11月，果期翌年6—7月成熟。生长于常绿林里。分布于华南、华东、西南。

蒴果长满针刺，成熟时候，远远看去像一个个板栗，猴子们受到诱惑前来采摘，但发现种子坚硬，不能进食，遂失望而去，因此得名"猴欢喜"，实则空欢喜。

果实

花

蒴果成熟裂开，露出带橘红色种皮的种子

乔木·049

鹅掌柴

别　　名　鸭脚木
科　　属　五加科鹅掌柴属
拉丁学名　*Schefflera heptaphylla* (L.) Frodin

植株

果实

鹅掌柴属*Schefflera*是源于18世纪德国医生J. C. Scheffler的名字。

乔木。小叶6~11，叶片纸质至革质，椭圆形、长圆状椭圆形或倒卵状椭圆形，全缘。圆锥花序顶生，花白色，花瓣5~6，开花时反曲。果实球形，黑色。花期9—12月，果期11月至翌年3月。生于向阳坡上。分布于华南、华东、西南。

本种是南方冬季的蜜源植物，冬天山上野生植物开花的种类较少，花期在秋冬季的鹅掌柴刚好弥补了这个空缺。树皮可以入药，是广东凉茶的原材料，药名叫"鸭脚皮"，味辛苦，性凉。

花

水团花

别　名　水杨梅
科　属　茜草科水团花属
拉丁学名　*Adina pilulifera* (Lam.) Franch. ex Drake

花枝

水团花属 *Adina* 是希腊语 adinos（堆集在一起），指花密集成头状花序。

灌木或小乔木。叶对生，薄纸质，倒披针形或矩圆状披针形，两面无毛或于下面的脉腋内有束毛。头状花序单生于叶腋，花5数，白色。蒴果具明显的纵棱。花期6—9月，果期7—12月。生于山谷疏林下或旷野路旁、溪涧水畔。分布于长江以南各省区。

花冠小，花柱很长。当若干朵花聚合在一起形成头状，一根根长花柱在外面，远远看过去，就如一个白色流星锤。

果实

头状花序

植株

叶面菌瘤

香港大沙叶

别　　名　满天星、茜木
科　　属　茜草科大沙叶属
拉丁学名　*Pavetta hongkongensis* Bremek.

果实　　　　　　　　植株

灌木或小乔木。叶对生，薄纸质，矩圆形至矩圆状披针形，两面具菌瘤。聚伞花序顶生，稠密而多花；花白色，4数，花冠筒细长，裂片外反；花柱伸出花冠外。核果近球状，成熟时黑色。花期3—8月，果期6—12月。生于灌丛及疏林中。分布于华南和云南。

叶片表面常有固氮菌形成的菌瘤，呈点状，在太阳逆光下观察叶背，黑色点布满叶片，故有"满天星"之别名。根、叶药用，清热解毒、活血祛瘀。

花

果枝

榕果

常绿乔木。叶互生，厚纸质，广卵形，表面疏生糙伏状长毛，背面被褐黄色波状长毛，边缘有细锯齿。榕果腋生，圆锥状椭圆形，表面疏被或密生浅褐长毛。花期、果期5—10月。分布于西藏、四川、贵州、云南、广西、广东、海南。

黄毛榕是非常典型的"毛孩子"，几乎植株上上下下都密布了黄褐色绒毛。这种自我保护的特点，让一些植食性的昆虫真是无从下口。

黄毛榕

别　名　猫卵子
科　属　桑科榕属
拉丁学名　*Ficus esquiroliana* H. Lév.

叶

果枝

构树

别名：褚桃、褚
科属：桑科构属
拉丁学名：*Broussonetia papyrifera* (L.) L'Hér. ex Vent.

乔木。叶广卵形至长椭圆状卵形，不分裂或3~5裂，叶形多变，表面粗糙，疏生糙毛，背面密被绒毛。花雌雄异株；雄花序为柔荑花序；雌花序球形头状。聚花果成熟时为橙红色，肉质。花期4—5月，果期6—7月。产于我国南北各地。野生或栽培。

构树多变的叶形　　　　　　　　花

果实

构树全身都是宝。树皮韧皮纤维可作造纸材料，果实及根、皮可供药用。此外，果实还是一些鸟类比如红嘴蓝鹊、红耳鹎的口粮，果实成熟时候，常看到它们跳跃枝头啄食。果实亦是中药"楮实子"的原材料。

伯乐树

别　名 钟萼木、冬桃
科　属 伯乐树科伯乐树属
拉丁学名 *Bretschneidera sinensis* Hemsl.

乔木。羽状复叶，小叶7～15片，纸质或革质，狭椭圆形，全缘。花淡红色，花瓣内面有红色纵条纹。果椭圆球形。花期3—9月，果期5月至翌年4月。生于低海拔至中海拔的山地林中。分布于华南、华中、华东、西南。

"南方有佳木，此木为伯乐树"，而此"伯乐"非唐代韩愈所说的擅长识别千里马的伯乐，而是从属拉丁学名 *Bretschneidera* 音译过来的，该属名是用了一个俄国人Emil Bretschneider的名字来命名的，以纪念他对中国植物分类发展的贡献。

伯乐树是我国特有种，单科单属植物，目前处于濒危稀少的状态，被誉为"植物中的龙凤"，为国家一级重点保护野生植物。

种子

植株

果实

花

果核

全株

成熟果实

南酸枣

别　　名　鼻涕果、山枣子、五眼果
科　　属　漆树科南酸枣属
拉丁学名　*Choerospondias axillaris* (Roxb). B. L. Burtt & A. W. Hill

落叶乔木。奇数羽状复叶，有小叶3～6对，小叶膜质至纸质，卵形或卵状披针形，全缘。花瓣长圆形，红色，具褐色脉纹，开花时外卷。核果椭圆形，成熟时黄色，果核顶端具5个小孔。生于山坡、丘陵或沟谷林中。分布于西南、华南、华东、华中。

之前经常吃一种叫"齐云山南酸枣"的糕点，酸甜可口糯软，知道了有一种野果可以制糕。后来，在河源紫金县一条山沟里，看到一株高大的野生南酸枣树，总算见到了它的真容。果核顶端具5个小孔，别名亦叫做"五眼果"。

幼果

花

植株

破布叶

别　　名　布渣叶
科　　属　椴树科破布叶属
拉丁学名　*Microcos paniculata* L.

果实

灌木或小乔木。单叶互生，叶纸质，卵形或卵状矩圆形，边缘有不明显小锯齿。伞形圆锥花序顶生，花瓣5，淡黄色。核果倒卵状球形。花期5—6月，果期7—12月。生于丘陵、平地路边或山坡灌丛中。分布于云南、广西、广东、海南、香港、澳门。

"破布叶"这一名字不知道从何而来，据说叶片常被虫咬，无一完整，但经过反复观察，有时也能找出一片完整的叶片。破布叶是有名的岭南草药，以叶入药，是凉茶廿四味的材料之一，有清热利湿之功效，适合在暑湿的夏天饮用。

花、叶

全株

水东哥属 *Saurauia* 是源于意大利植物学家 Fr. J. von Saurau（1760—1832）的名字。

灌木或小乔木。叶纸质或薄革质，矩圆形、倒卵状矩圆形或宽椭圆形，幼时有稀疏的鳞片状糙伏毛，老叶无毛。花淡红色，花瓣5，基部合生，上部向外反折。浆果近球形。花期、果期3—12月。生于丘陵、山谷或山坡林中。分布于云南、广西、广东、海南、香港、福建。

水东哥在广东山地常见，临溪水而生，果实球形，成熟时浅白色，味甜，可以鲜食，常见果实上布满蚂蚁吸食液汁。根、叶可入药，有清热解毒、止咳、止痛之功效。

果实

水东哥

别名 水枇杷、白饭木、白饭果
科 猕猴桃科
属 水东哥属
拉丁学名 *Sauravia tristyla* DC.

叶

花序

鼠刺

别　　名　老鼠刺
科　　属　鼠刺科鼠刺属
拉丁学名　*Itea chinensis* Hook. & Arn.

花枝

果实

灌木或小乔木。叶薄革质，倒卵形或卵状椭圆形，边缘上部具不明显圆齿状小锯齿，呈波状或近全缘，两面无毛。花瓣白色，披针形，雄蕊与花瓣近等长或稍长于花瓣。蒴果长圆状披针形。花期3—5月，果期5—12月。常见于山地、山谷、疏林、路边及溪边。分布于福建、湖南、广东、香港、澳门、广西、云南、西藏。

春天开花的时候，远处看去，一丛丛白色，在阳光下非常耀眼，不管路人喜欢与否，总是以一股热情劲开放着，毫不在意。

花枝

花

露出木栓质的残果

广东木瓜红

别　名　岭南木瓜红
科　属　安息香科木瓜红属
拉丁学名　*Rehderodendron kwangtungense* Chun

果实

木瓜红属 *Rehderodendron*，是由美国植物学家名字Alfred Rehder（1863—1949）+希腊语dendron（树木）组成。

落叶大乔木。叶纸质至革质，长圆状椭圆形或椭圆形，边缘有疏离锯齿，两面均无毛。花白色，开于长叶之前。果单生，椭圆形，有5~10棱，木质坚硬。花期3—4月，果期7—9月。生于密林中。分布于湖南、广东、广西、云南。

在惠州南昆山行山的时候，常看到掉落满地的广东木瓜红果实，有外形完整的，也有露出纤维状木栓质的，从现场来看，野生鸟兽似乎不太喜欢这类野果，因而近乎得以保持完整状态。

全株

乔木 · 063

陀螺果

别　　名 冬瓜木、鸦头梨
科　　属 安息香科陀螺果属
拉丁学名 *Melliodendron xylocarpum* Hand.-Mazz.

全株

果实

落叶乔木。叶纸质，卵状披针形、椭圆形至长椭圆形，边缘有细锯齿。花浅粉红色，花冠裂片5。果实形状、大小变化较大，常为倒卵形、倒圆锥形或倒卵状梨形。花期4—5月，果期7—10月。生于山谷和山坡湿润林中。分布于广东、广西、福建、江西、云南、贵州、湖南。

果实外形呈倒卵状梨形，顶端尖，中部以下收窄，跟儿童玩具陀螺相似，因此得名"陀螺果"。根据笔者观察，陀螺果对生长区域有较大的选择，在广东省内，最南就是到韶关了，以此为分水岭，再往南走就见不到陀螺果的踪迹了。

花枝

果实

尖嘴林檎

别　　名　麦氏海棠
科　　属　蔷薇科苹果属
拉丁学名　*Malus melliana* (Hand.-Mazz.) Rehd.

灌木或小乔木。叶片椭圆形至卵状椭圆形，边缘有圆钝锯齿。花序近伞形，花瓣倒卵形，白色。果实球形，萼片反折，果先端隆起。花期5月，果期8—9月。生于山地混交林中或山谷沟边。分布于浙江、安徽、江西、湖南、福建、广东、广西、云南。

《本草纲目·林檎》："案洪玉父云'此果味甘，能来众禽于林，故有林禽、来禽之名。'"。尖嘴林檎的叶有主治脾胃虚弱、食积停滞功效。在茂名当地的叫法是野山楂，当地人会采集叶子焖鹅，当作一道佳肴；或泡茶饮用。

花

全株

乔木 · 065

花

种子

黄槿

别名：糕仔树、桐花、盐水面夹果
科属：锦葵科木槿属
拉丁学名：*Hibiscus tiliaceus* L.

小乔木。叶革质，近圆形，密生星状绒毛，边缘全缘或有不规则的小圆齿。花冠黄色，内面基部暗紫红色。蒴果卵圆形，5瓣裂，果瓣木质。花期、果期6—10月。生于海边堤岸。分布于台湾、福建、海南、广东、香港、澳门。黄槿耐盐碱能力好，适合海边种植。广东沿海地区小城镇也有栽培，多作行道树。

其叶民间常作为包裹糕饼之用，故又名"糕仔树"。树皮纤维供制绳索；嫩枝叶作蔬菜；木材供建筑、造船及家具等用。

果实

全株

花

果实

呼吸根

海桑

别　　名　剪宝树
科　　属　海桑科海桑属
拉丁学名　*Sonneratia caseolaris* (L.) Engl.

乔木。呼吸根圆锥体形。叶形状变异大，阔椭圆形、矩圆形至倒卵形。萼筒平滑无棱，浅杯状，果时碟形，花瓣条状披针形，暗红色，花丝粉红色或上部白色，下部红色，花柱长。浆果球形，为宿萼所包围。花期、果期全年。生长于滨海和河流入海处两岸有潮水到达的泥滩，是著名的红树林植物之一。分布在广东、广西、海南、福建。

海桑的果实外形比无瓣海桑 *Sonneratia apetala* Buch.-Ham 的果实大，有一条非常长的宿存的柱头，特征比较明显。

含单宁

全株

乔木·067

果实

无瓣海桑

科　属　海桑科海桑属
拉丁学名　*Sonneratia apetala* Buch.-Ham.

叶片

乔木。叶对生，厚革质，椭圆形至长椭圆形。总状花序，无花瓣，雄蕊多数，花丝白色，柱头蘑菇状。浆果球形。花期3—6月，果期8—11月。生于海滨及河流入海处两岸有潮水到达的泥滩。原产于缅甸、孟加拉国、印度、斯里兰卡、马来西亚至所罗门群岛和新赫布里衣群岛。广东和海南有引进栽培。有逸生。

无瓣海桑的叶序是单叶交互对生型，此外，有笋状呼吸根伸出水面，增强呼吸氧气，是红树林植物适应海水的一种机制。

植株

呼吸根

花

木榄

别　名 鸡爪榄、包罗剪定
科　属 红树科木榄属
拉丁学名 *Bruguiera gymnorhiza* (L.) Lam.

支柱根

植株

木榄属 *Bruguiera* 是源自于法国植物学家 J.G.Bruguieres（1734—1798）的名字。

乔木。具膝状呼吸根和支柱根。叶对生，革质，椭圆状矩圆形，全缘。花萼筒紫红色，钟形，常作8~12深裂；花瓣边缘密被白色绢状毛。胚轴纺锤形，胎生。花期、果期几乎全年。生于浅海和河流出口冲积带的盐滩。分布于海南、广东、广西、福建、香港。是著名的红树林植物之一，具有胎生特点。

刮开木榄树干暴露在空气中，切口会呈现红色，原来是因树干含有一种叫"丹宁酸"的化学物质，这种物质使昆虫远离从而避免了被伤害。

花

胚轴

秋茄树

别　名	水笔仔、红浪
科　属	红树科秋茄树属
拉丁学名	*Kandelia obovata* Sheue, H. Y. Liu & J. Yong

植株

群落

灌木或小乔木。叶椭圆形、矩圆状椭圆形或近倒卵形，全缘。花萼裂片革质，短尖，花后外反；花瓣白色，膜质，短于花萼裂片。果实圆锥形，胚轴细长。花期、果期几乎全年。生于浅海和河流出口冲积带的盐滩。分布于海南、广东、广西、福建、香港。

秋茄是比较有代表性的红树林植物之一，具有胎生特点：果实还挂在母树上时，种子已长出胚根，继续吸足够的盐分去适应新环境，胎轴成熟脱离母株掉落于淤泥中，成为新的幼苗成长。

花

胚轴

花枝

海杧果

别　　名　牛心茄子、山芒果
科　　属　夹竹桃科海杧果属
拉丁学名　Cerbera manghas L.

植株

未成熟果实

成熟果实

海杧果属Cerbera 是拉丁语Cerberus（古神话中的三头蛇尾犬），指植物体有毒。

乔木。叶互生，倒卵状长圆形至披针形，无毛。花冠白色，喉部红色，高脚碟状，花冠裂片5枚，倒卵状镰刀形，向左覆盖。核果单生或者双生，近球形，成熟时橙色。花期3—10月，果期7月至翌年4月。常生于海边或者近海边湿润地方，是红树林混生植物之一。分布于台湾、海南、广东、广西、香港。

果实剧毒，严重者可致人死亡。其果皮光滑，内为木质纤维层，借助海流散布，靠流水传播种子。

五列木

科　属　五列木科五列木属
拉丁学名　*Pentaphylax euryoides* Gardn. & Champ.

花枝

　　五列木属*Pentaphylax*是希腊语pente（五）+ phylax（卫士），指花的各部均为5出数。

　　常绿小乔木或灌木。单叶互生，革质，卵形或卵状长圆形，全缘，无毛。花白色，花瓣长圆状披针形。蒴果椭圆状，种子线状长圆形。生于密林中。分布于云南、贵州、广西、广东、香港、湖南、江西、福建。

　　春天的时候，五列木吐出亮红的新嫩叶，远远观看，红艳艳的一片，观赏性颇高，如果能引种驯化为园林观赏植物，那么观叶植物队伍中又能新增一员。

果实

植株

嫩叶

植株

杉木

别　　名：刺杉、杉
科　　属：杉科杉属
拉丁学名：*Cunninghamia lanceolata* (Lamb.) Hook.

乔木。叶条状披针形，坚硬，边缘有细齿。雌雄同株，雄球花簇生枝顶，雌球花单生或簇生枝顶，卵圆形。球果近球形，种子扁平，褐色，两侧有窄翅。花期4月，球果10月下旬成熟。生于酸性土地林中。分布于秦岭以南至广东。

杉者，叶形纤细的意思。杉木的生长速度很快，其树干是优良的木材，细致，耐腐力强，不受蚂蚁蛀食，可以用在家具、建筑、造船等方面，也可以用来造纸。

杉木是靠风力来传播花粉的。春天盛花期间，站在树下，当风吹过的时候，能看到一阵阵喷出来的花粉在空中袅袅升起，烟一样散开，非常壮观。

球果

雄花

雄花和雌花

马尾松

别　名　青松、山松、枞松
科　属　松科松属
拉丁学名　*Pinus massoniana* Lamb.

乔木。树皮裂成不规则的鳞状块片。针叶每束2针，细柔，微扭曲，两面有气孔线，边缘有细锯齿。雄球花淡红褐色，圆柱形，弯垂，穗状；雌球花单生或2~4个聚生于新枝近顶端，淡紫红色。球果卵圆形或圆锥状卵圆形，种子长卵圆形，连翅。花期4—5月，球果翌年10—12月成熟。广布于长江流域及其以南各省区，是重要荒山造林及绿化树种。

球果 　　茎

雄花　　　　　　　　　　　雌花

马尾松跟湿地松 *Pinus elliottii* Engelm. 的区别是：马尾松针叶每束2针，长10~18厘米，球果长4~7厘米。湿地松的针叶每束2针或3针，长18~25厘米，球果长9~18厘米。

植株

灌木

草木南粤（山野篇）

GUANMU

花

梅叶冬青

别　　名　秤星树、岗梅根
科　　属　冬青科冬青属
拉丁学名　*Ilex asprella* (Hook. & Arn.) Champ. ex Benth.

落叶灌木或小乔木。具淡色皮孔。叶在长枝上互生，短枝上簇生，卵形或卵状椭圆形，边缘具锯齿。花单性，雌雄异株，雌花单生于叶腋内；雄花冠白色，基部合生。核果黑色，球形。花期3—4月，果期4—10月。生于山地疏林或路旁灌丛。分布于浙江、江西、福建、湖南、广东、广西、香港、澳门。

植株　　　　皮孔

种子

果实

小枝光滑呈褐色似秤杆，皮孔斑点像秤点，因而别名"秤星树"。根、叶可入药，有清热解毒、生津止渴、消肿散瘀之功效。

毛冬青

别　　名　茶叶冬青、密毛冬青
科　　属　冬青科冬青属
拉丁学名　*Ilex pubescens* Hook. & Arn.

花枝

植株

常绿灌木或小乔木。叶片纸质或膜质，椭圆形或长卵形，边缘具疏而尖的细锯齿或近全缘，两面被长硬毛。花瓣4~6，粉红色，雌雄异株。果球形，成熟后红色。花期4—5月，果期8—11月。生于山坡常绿阔叶林中或林缘、灌木丛中及溪旁、路边。分布于华南、华东、华中、西南。

毛冬青在临床上是很好的草药，有清热解毒、活血通络的功效。

果枝

植株

杜鹃花

别名 映山红
科属 杜鹃花科杜鹃花属
拉丁学名 Rhododendron simsii Planch.

灌木。叶革质，卵形、椭圆状卵形或倒卵形，边缘微反卷，具细齿，叶片双面被糙伏毛。花冠玫瑰色、鲜红色或暗红色，上部裂片具深红色斑点，阔漏斗形。蒴果卵球形。花期4—5月，果期6—8月。生于山地疏灌丛或松林下，典型的酸性土指示植物。分布于华东、华中、华南、西南。

清·李调元《南越笔记》中云："杜鹃花，以杜鹃鸟啼时开放，故名。"每年春天4—5月，山野上杜鹃花盛开，火红一片，如泣血。相传杜宇（子规）是蜀国皇帝，让位后发现新皇帝并不懂治理国家，又气又急，最后悲伤成疾，死后化作鸟哀鸣泣血，血滴之处长出鲜艳的杜鹃花，于是就有了"子规泣血，杜鹃花开"的典故。

花蕾

花

毛棉杜鹃花

别　名　丝线吊芙蓉、羊角杜鹃
科　属　杜鹃花科杜鹃花属
拉丁学名　*Rhododendron moulmainense* Hook.

花

果实

全株

灌木或小乔木。叶厚革质，长圆状披针形或椭圆状披针形，边缘反卷，两面无毛。花冠淡紫色、粉红色或淡红白色，漏斗状。蒴果圆柱状。花期3—5月，果期6—11月。生于灌丛或疏林中。分布于华东、华南、西南。

种拉丁学名*Rhododendron moulmainense* Hook.中的"moulmainense"，来自于标本模式产地moulmain（位于缅甸）。在香港毛棉杜鹃花通常称为"羊角杜鹃"，莫非是指其蒴果长圆柱形，微弯曲似羊角？

灌木·081

花

吊钟花

别　名　山连召、铃儿花
科　属　杜鹃花科吊钟花属
拉丁学名　*Enkianthus quinqueflorus* Lour.

花蕾

果实

植株

　　灌木。叶革质，矩圆形或倒卵状矩圆形，边缘反卷，全缘或往顶端有少数疏细齿。花下垂，花冠宽钟状，粉红色，口部5裂，裂片钝，外弯。蒴果椭圆形。花期1—3月，果期5—7月。生于丘陵灌丛中。分布于华东、华中、华南、西南。

　　农历新年春节前后开花，英文叫"Chinese New Year Flower"。在清代开始已有吊钟花作为年花的习俗，取其"金钟一响，黄金万两"象征着财运滚滚来的吉兆；同时，吊钟花的花朵都是生长在枝头顶上，亦有高中科举之寓意，古时候百姓因希望子孙们能高中科举，故砍伐吊钟花带回家作为年花。

植株

齿缘吊钟花

别　名　齿叶吊钟花
科　属　杜鹃花科吊钟花属
拉丁学名　*Enkianthus serrulatus* (E.H.Wilson) C.K.Schneid.

灌木。叶矩圆形，厚纸质，边缘不反卷，细锯齿，两面无毛。花钟状，白色，下垂，2~6朵成顶生伞形花序，花先于叶开放。蒴果椭圆形。花期3—4月，果期5—11月。生于山坡杂林中。分布于华中、华南、西南。

齿缘吊钟花跟吊钟花 *Enkianthus quinqueflorus* Lour. 相比，花期要稍微晚一些，大概在每年的3月份开放，枝头2~6朵形成顶生花序，比较稀疏。红、白两种颜色不同的吊钟花，花期先后错开，艳丽和素雅各相宜。

花

果实

桃金娘

别　　名　岗稔、山稔
科　　属　桃金娘科桃金娘属
拉丁学名　*Rhodomyrtus tomentosa* (Aiton) Hassk.

假轮生叶序

果实

　　桃金娘属*Rhodomyrtus*是希腊语rhodon（玫瑰花）+属（Myrtus），指外形似玫瑰而花红色。

　　灌木。叶革质，对生，椭圆形或倒卵形。花紫红色，初开白色，后变红色；雄蕊多数。浆果卵状壶形，成熟时紫黑色；种子多数。花期4—5月，果期6—9月。生于海拔低的丘陵坡地，为酸性土指示植物。分布于华中、华南、西南。

　　叶序对生。其为幼苗时，常有3叶轮生状的假轮生，假轮生是茎节间缩短所致。搓揉叶片闻有芳香味道。果实成熟变紫黑后可以鲜食，但不能多食，因种子多难以消化，容易造成便秘。

全株　　　　花

全株

岗松

别　　名　蚊松、扫把枝
科　　属　桃金娘科岗松属
拉丁学名　*Baeckea frutescens* L.

岗松属 *Baeckea* 是源于18世纪瑞典医生Abraham Baeck的名字。

灌木。叶对生，条形或条状锥形。花单生于叶腋，两性，白色，花瓣5，近圆形。蒴果小，球形。花期5—8月，果期7—10月。生于山坡酸性红土壤上。分布于广西、广东、香港、澳门、福建、江西。

岗松的枝叶含小茴香醇，搓揉后可闻到芳香浓郁的味道，还可以用来提取芳香油及制栲胶。枝叶可以入药，有清热解毒、祛湿止痛、利尿通淋、杀虫止痒的功效。

花

灌木·085

果实

赤楠

别　名　黄杨叶蒲桃、假黄杨
科　属　桃金娘科蒲桃属
拉丁学名　*Syzygium buxifolium* Hook. & Arn.

果实

花

寄生在赤楠上的栗寄生

灌木或小乔木，嫩枝有四棱柱形。叶片革质，阔椭圆形至椭圆形。聚伞花序顶生，有花数朵，花瓣4，白色，雄蕊多数。果实球形。花期6—8月，果期9—12月。生于疏林及灌丛中。分布于华南、华中、华东、西南。

赤楠的果实球形，成熟时候由紫红色转为亮黑色，有淡淡的甜味，可以鲜食或酿酒，果肉较少。有时可见桑寄生科的栗寄生植物寄生到植株上。

毛菍

别　名　毛稔
科　属　野牡丹科野牡丹属
拉丁学名　*Melastoma sanguineum* Sims

果实和种子

花解剖图

花蕾

大灌木，全株均被平展的长粗毛。叶片坚纸质，卵状披针形至披针形，全缘，两面被藏于表皮下的糙伏毛。伞房花序，顶生，花瓣粉红色或紫红色；雄蕊10～14枚，二型：长雄蕊和短雄蕊。蒴果杯状球形，宿存萼密被红色长硬毛。花期、果期全年。生于坡脚、向阳草丛或矮灌丛中。分布于广西、广东、海南、福建、香港、澳门。

毛菍与同属植物野牡丹*Melastoma malabathricum* L.的主要区别：前者被毛粗长，果实较大；后者被细柔伏毛，果实较小。

有次在肇庆鼎湖山植物调查，看到几只淡眉雀鹛在啄食毛菍的果实，没想到如此不起眼的蒴果，也是鸟类食物之一。

花

野牡丹

别　名　山石榴、大金香炉、猪古稔
科　属　野牡丹科野牡丹属
拉丁学名　*Melastoma malabathricum* L.

灌木，茎密被紧贴的鳞片状糙伏毛。叶片坚纸质，卵形或广卵形，全缘，两面被糙伏毛及短柔毛。花玫瑰红色，雄蕊10，5长5短。蒴果坛状球形，密被鳞片状糙伏毛。花期5—7月，果期10—12月。生于山坡松林下或向阳灌丛中，是酸性土常见的植物。分布于华南、华东、西南。

野牡丹属于异型雄蕊（二型雄蕊），共10枚雄蕊：5枚较大，紫色，有延长而二裂的药隔，用来传粉；5枚较小，黄色，基部有2个小瘤体，给昆虫提供食物。

种子

果实

花

地菍

别　　名　乌地梨、地稔
科　　属　野牡丹科野牡丹属
拉丁学名　Melastoma dodecandrum Lour.

野牡丹属 *Melastoma* 是希腊语melas（黑色的）+stoma（口），指食其果实时，口被染成黑色。

小灌木。茎匍匐上升，分枝多，披散，下部节上生不定根，叶对生，坚纸质，卵形或椭圆形，全缘或具疏浅齿。花瓣淡紫红色至紫红色；雄蕊10枚，5长5短。浆果坛状球形，生疏糙伏毛。花期5—7月，果期7—9月。生于山坡或草丛中，为酸性土壤常见植物。分布于华东、华南、西南。

地菍是贴着地面匍匐生长的，名字中的"地"恰切地形容了它的植株高度；浆果成熟时紫黑色，汁多味甜，可以鲜食。全株供药用，有润肠止痢、舒筋活血、清热祛湿等作用。

果实

全株

白背叶

别　名　白背木、白面虎
科　属　大戟科野桐属
拉丁学名　*Mallotus apelta* (Lour.) Müll. Arg.

雌花

雄花

灌木或小乔木。叶互生，宽卵形，叶基具2腺体。花单性，雌雄异株，无花瓣。雄穗状花序顶生，雌穗状花序顶生或侧生。蒴果近球形，密生软刺及星状毛。花期6—9月，果期8—11月。生于山坡或山谷灌丛中。分布于华东、华南、西南。

叶基部近叶柄处，有2个褐色斑状腺体，分泌蜜汁，常引来蚂蚁们三三两两地吸食。有蚂蚁们四处巡逻的好处就是那些植食性害虫不敢来吃白背叶了，蚂蚁起了保卫作用，真是动植物互惠互利啊！

腺点引来蚂蚁吸蜜

果枝

果枝

黑面神

别名：画鬼符、狗脚刺
科属：大戟科黑面神属
拉丁学名：*Breynia fruticosa* (L.) Müll. Arg.

黑面神属 *Breynia* 是源于17世纪德国植物学家 Johann Philipp Breyn 的名字。

灌木。叶卵形至卵状披针形，革质，两面光滑无毛。花极小，单性，雌雄同株，无花瓣。花萼顶端6浅裂，雄花花萼陀螺状或半球形，雌花花萼果期扩大呈盘状。果肉质，近球形。花期4—9月，果期5—12月。生于山坡、平地旷野灌木丛中或林缘。分布于广东、香港、广西、福建、浙江、云南、贵州。

叶鲜时暗绿色，干枯后变成黑色，故叫"黑面神"。一些植食性昆虫如潜叶蝇幼虫之类，钻入其叶片内层，噬食叶肉，活动经过留下的痕迹，从叶面看像迷宫或一些不规则符号，因此，别名被叫作"鬼画符"。

雌花

潜叶蛾活动的痕迹

果实

果实

红背山麻杆

别　　名　红背叶
科　　属　大戟科山麻杆属
拉丁学名　*Alchornea trewioides* (Benth.) Muell. Arg.

叶

花

灌木。叶薄纸质，阔卵形，基部具斑状腺体4个。雌雄异株，雄花序穗状，雌花序总状，顶生，花柱3枚，线状。蒴果球形，具3圆棱。花期3—5月，果期6—8月。生于山地矮灌丛中或疏林下。分布于福建、江西、湖南、广东、广西、海南、香港、澳门。

红背山麻杆有个传神的名字，叫做"四眼两发"，指叶基部有4个腺体和2个线状附属物。它有几个特征非常容易记住：长达7～12厘米红色的叶柄；叶基上有4个腺体，常吸引蚂蚁前来吸食叶蜜；其蒴果顶端，常保留有3枚丝状宿存的柱头。

叶基的腺点

灌木。叶片纸质，卵形、狭卵形或宽卵形，两面均被长柔毛。雌雄异花同株，雌花生于小枝上部，雄花则生于下部；花小，淡黄色。蒴果扁球状，具4~5条纵沟，密被长柔毛。花期、果期几乎全年。生于山坡、山谷灌木丛中或林缘。分布于华东、华南、西南。

别名"漆大姑"。如在野外不慎碰到野漆树引起皮肤过敏瘙痒，可以用毛果算盘子煮水冲洗患处，即可解除野漆毒，减缓痛苦。

花

毛果算盘子

别　名　漆大姑、磨子果
科　属　大戟科算盘子属
拉丁学名　*Glochidion eriocarpum* Champ. ex Benth.

嫩叶

果实

金樱子

别　　名　糖罐头、刺梨子
科　　属　蔷薇科蔷薇属
拉丁学名　*Rosa laevigata* Michx.

果实

果实（干）

攀援灌木，小枝有疏钩刺。小叶革质，常3片，卵形、椭圆形至卵状披针形，边缘具细齿状锯。花大，白色，单生于叶腋，花梗和萼筒外面均密生刺毛。蔷薇果倒卵形，深橘黄色，外密被刺毛。花期4—6月，果期7—11月。生于山地丘陵平地的林中或灌丛。分布于华南、华中、华东、西南。

金樱子用途广泛。不但可以鲜食、酿酒、熬膏，还可以入药，治疗腹泻和流感病毒。广东很多农村，村民在秋末冬初农闲之际，会把成熟后的橘黄色金樱子果实采集下来晾晒干，用来泡酒或者熬制药膏。

花

花枝

石斑木

别名 车轮梅、春花
科属 蔷薇科石斑木属
拉丁学名 *Rhaphiolepis indica* (L.) Lindl.

石斑木属*Rhaphiolepis*是希腊语rhaphis（针）+ lepis（鳞片），指苞片针形。

灌木。叶革质，卵形，叶缘中上部有细齿，表面有光泽。圆锥花序或总状花序顶生，花白色或粉红色。梨果球形，紫黑色。花期2—4月，果期7—8月。生于山地、丘陵灌丛、林下。分布于华南、华东、西南。

华南区常见的野生植物之一，每年新年元旦后就开放，是春天的探路者，所以，别名也叫"春花"。果实成熟时紫黑色，可以鲜食，味微甜。

果实

花

灌木·095

粗叶榕

别　　名　五指毛桃、佛掌榕
科　　属　桑科榕属
拉丁学名　*Ficus hirta* Vahl

果

灌木或小乔木。叶互生，纸质，多型，长椭圆状披针形或广卵形，边缘有细锯齿，叶型变异极大，在同一植株上的叶有全缘和分裂的。榕果球形或椭圆形。花期、果期全年。生于低海拔至高海拔的旷野、山地灌丛或疏林中。分布于华南、华中、华东、西南。

根部可入药治疗肝炎、水肿和风湿性关节炎，是广东人喜欢用的药膳材料之一，民间通常叫"五指毛桃"。

粗叶榕经常跟剧毒植物钩吻 *Gelsemium elegans*（Gardn. & Champ.）Benth.混生在一起，钩吻攀援缠绕在粗叶榕植株上。当村民去挖掘粗叶榕根部时，容易混入钩吻根须，酿成中毒事件，近年广东省已经发生多宗此类案例。

植株

根部入药

与钩吻混生情况

可育枝

不育枝的气生根

薜荔

别名　凉粉果、木馒头
科属　桑科榕属
拉丁学名　*Ficus pumila* L.

　　攀援或匍匐灌木。幼时以不定根攀援于墙壁或树上。叶二型，不结果枝节上生不定根，叶片小而薄，心状卵形；结果枝上无不定根，叶片较大而近革质，卵状椭圆形。榕果单生叶腋，瘿花果梨形，雌花果近球形，瘦果近球形。花期、果期5—8月。生于旷野岩石或树上。分布于华南、华东、西南。

　　"薜"取其香，"荔"状其形，得名"薜荔"。也叫凉粉果，里面的种子（瘦果）含有溶于水的果胶，将成熟的果实榨取汁液，和米浆共煮，冷却后即成白凉粉，加糖后即是夏天解暑的一道天然健康甜品。

　　授粉昆虫为榕小蜂，两者是协同进化的关系。

不育枝

雌花果

灌木・097

幼枝

别　　名	葨芝、穿破石
科　　属	桑科柘属
拉丁学名	*Maclura cochinchinensis* (Lour.) Corner

构棘

摘吃果实的倭花鼠

　　直立或攀援灌木；枝无毛，具粗壮弯曲的腋生刺。叶革质，椭圆状披针形或长圆形，全缘，两面无毛。花雌雄异株。聚合果肉质，表面微被毛，成熟时橙红色。花期4—5月，果期6—7月。分布于我国东南部至西南部的亚热带地区。多生于村庄附近或荒野。

　　又名"葨芝"，是中药材"穿破石"的来源植物之一，以根入药，有祛风通络、解毒消肿的功效。本种农村常作绿篱用，木材煮汁可作染料。果实成熟时，甜而多汁，常引来倭花鼠进食，拖着大尾巴跳跃树枝间，野趣盎然。

果枝

花

栀子

别名　水黄枝、黄果子
科属　茜草科栀子属
拉丁学名　*Gardenia jasminoides* J.Ellis

灌木。叶革质，长圆状披针形、倒卵形或者椭圆形，全缘。花单朵顶生，花冠高脚碟状，白色或者乳黄色。浆果卵形，成熟时橙红色，有翅状纵棱5～9条，顶部有宿存萼片。花期3—8月，果期5—12月。生于旷野、山坡、灌丛或林中。分布于华南、华中、华东、西南、华北。

果实

栀子因其果实外形像古代酒器卮而得名，"栀"跟卮（zhī）同音。成熟后的果实不仅可以药用，还可以提取天然色素做染料，其化学成分为栀子黄。《汉官仪》记有："染园出栀、茜，供染御服。"说明很早古人就使用栀子染最高级的宫廷服装了。

果枝

九节

别名 山大刀、九节木
科 茜草科
属 九节属
拉丁学名 *Psychotria asiatica* L.

灌木或小乔木。叶对生，纸质或革质，长圆形、椭圆状长圆形或倒披针状长圆形，全缘。花冠白色，喉部被白色长柔毛，花冠裂片近三角形，开放时反折。核果球形，有纵棱，红色。花期、果期全年。生于丘陵、山坡、山谷溪边的灌丛或林中。分布于我国西南、华南、华东。

枝

植株

茎部上有很多叶柄环，每个叶柄环之间距离较短，看上去，一节一节的，想必这就是名字九节的来由。"九"指多数，并不是具体指数量9。果实颜色多变，由初期青绿色，到中期黄色，及晚期橙红色，色彩斑斓变化，赏心悦目。

花

果实

灌木 · 101

玉叶金花

别　　名　野白纸扇、良口茶
科　　属　茜草科玉叶金花属
拉丁学名　*Mussaenda pubescens* Dryand.

植株

果

攀援灌木。叶膜质或薄纸质，卵状长圆形或卵状披针形。聚伞花序顶生，密花；花叶白色，花冠黄色，萼裂片在开花时比花萼管长。浆果近球形。花期4—7月，果期6—12月。生于灌丛、溪谷、山坡或村旁。分布于华南、华东及台湾。

"玉叶"指花叶白色，"金花"指花朵黄色。玉叶金花的白色花叶是由萼片扩大变为花瓣状，这样使昆虫在远距离就可以看到，前来访花采蜜；而真正的花冠很小，黄色，形成一种花外"花"的现象。

果枝

| 狗骨柴

别　名：狗骨仔、三萼木
科　属：茜草科狗骨柴属
拉丁学名：*Diplospora dubia* (Lindl.) Masam.

灌木或小乔木。叶革质，卵状长圆形、椭圆形或披针形，全缘，常稍背卷，两面无毛。花腋生密集成束，花冠黄色，花冠裂片长圆形，向外反卷。浆果近球形，成熟时红色。花期4—8月，果期5月至翌年2月。生于山坡、山谷沟边、丘陵、灌丛中。分布于华中、华东、西南、华南。

茎干可以作木材用，致密强韧，加工容易，可用来制造器具或艺术雕刻。根可以入药，味苦，性凉，有清热解毒、消肿散结的功效，民间用其根治黄疸病。

花枝

灌木 · 103

全株

莲座紫金牛

别名 老虎毛虫药、落地紫金牛
科属 紫金牛科紫金牛属
拉丁学名 *Ardisia primulifolia* Gardner & Champ.

紫金牛属 *Ardisia* 是希腊语 ardis（顶尖），指花冠裂片或雄蕊先端锐尖。

矮小灌木或近草本。叶基生呈莲花状，叶片坚纸质或近膜质，椭圆形或长圆状倒卵形，边缘有波状圆齿，有腺点。聚伞形花序，花粉红色，具黑色腺点。核果球形，鲜红色，具疏腺点。花期6—7月，果期11—12月。生于密林下阴湿的地方。分布于广东、香港、广西、福建、湖南、四川、贵州。

莲座紫金牛与同属植物光萼紫金牛 *Ardisia omissa* C. M. Hu 的区别在于：前者叶片两面被锈色长柔毛，叶互生或基生莲座状；后者叶片两面疏被伏贴柔毛，叶螺旋状着生。

花

幼果

花

皮孔

果枝

花枝

鲫鱼胆

别　名	空心花、冷饭果
科　属	紫金牛科杜茎山属
拉丁学名	*Maesa perlarius* (Lour.) Merr.

灌木。叶纸质，广椭圆状卵形，边缘从中下部以上具粗锯齿，下部常全缘。总状花序或圆锥花序，腋生，花冠白色，钟形。花期3—4月，果期12月至翌年5月。生长于山坡、路边的疏林或灌丛中湿润的地方。分布于台湾、广东、海南、香港、澳门、广西、云南、四川和贵州。

全株供药用，有消肿去腐、生肌接骨的功效，用于跌打刀伤，亦用于疔疮、肺病。

白花灯笼

别名：鬼灯笼、灯笼草
科属：马鞭草科大青属
拉丁学名：Clerodendrum fortunatum L.

植株

灌木。叶纸质，长椭圆形，全缘或波状。聚伞花序腋生，花萼红紫色，具5棱，膨大形似灯笼，花冠高脚碟状，淡红色或白色稍带紫色。核果近球形，成熟时深蓝绿色，藏于宿萼内。花期、果期6—11月。生于丘陵、山坡、路边、村旁和旷野。分布于江西、福建、广东、广西、香港、澳门。

白花灯笼是指白花的花冠裹在紫红色形似灯笼的花萼中，又名"鬼灯笼"。中国人向来敬畏鬼神，而植物中却有不少带鬼字的名字，比如鬼灯笼、鬼吹箫、鬼臼、鬼灯檠等。惧怕由心生，靠近植株顿觉鬼影幢幢，不敢久留，可见植物名字的影响力了。

花

果实

果枝

枇杷叶紫珠

别　　名　野枇杷、山枇杷
科　　属　马鞭草科紫珠属
拉丁学名　*Callicarpa kochiana* Makino

花

紫珠属*Callicarpa*是希腊语kalos（美丽的）+karpos（果），指果实美丽。

灌木。高1~4米；小枝、叶柄与花序密生黄褐色分枝茸毛。叶片长椭圆形、卵状椭圆形或长椭圆状披针形，边缘有锯齿，表面无毛或疏被毛，背面密生黄褐色星状毛和分枝茸毛。聚伞花序；花冠淡红色或紫红色，裂片密被茸毛；雄蕊伸出花冠管外。果实圆球形，几乎全部包藏于宿存的花萼内。花期7—8月，果期9—12月。生于山坡或谷地溪旁林中和灌丛中。分布于台湾、福建、广东、香港、浙江、江西、湖南、河南。

根治慢性风湿性关节炎及肌肉风湿症，叶可作外伤止血药，可治风寒咳嗽、头痛，亦可用于提取芳香油。

植株

牛眼马钱

别　　名　牛眼珠、狭花马钱
科　　属　马钱科马钱属
拉丁学名　*Strychnos angustiflora* Benth.

果枝

果实（未成熟）

果实　　　　　　　　　　　　　花

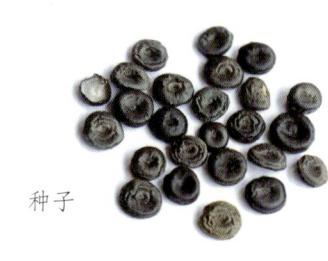

种子

攀援灌木。小枝对生，常变态为螺旋状曲钩。叶对生，卵形或椭圆形，全缘，革质，基出脉3～5条，叶面深绿色，背面浅绿色，有光泽。聚伞圆锥花序顶生，有花6～10朵，花冠白色或淡黄色，有香味，高脚碟状。浆果球形，熟时橙黄色；种子圆球形，浅黄灰色。花期4—6月，果期7—12月。生于山地疏林、灌丛中。分布于广东、广西、云南、海南、香港。

全株有毒，果实剧毒，含马钱子碱、番木鳖碱、牛眼马钱灵等多种生物碱，误食后可引起中毒，严重者死亡。加工后可以入药，能消肿。

亮叶崖豆藤

别　　名　亮叶鸡血藤
科　　属　豆科崖豆藤属
拉丁学名　*Callerya nitida* (Benth.) R. Geesink

花、果实

攀援灌木。羽状复叶；小叶2对，硬纸质，卵状披针形或长圆形，上面光亮无毛，下面无毛或被稀疏柔毛。圆锥花序顶生，密被锈褐色绒毛；花单生；花冠青紫色。荚果线状长圆形，密被黄褐色绒毛，顶端具尖喙。花期5—9月，果期7—11月。生于海岸灌丛或山地疏林中。分布于江西、福建、台湾、广东、海南、香港、澳门、广西、贵州。

亮叶崖豆藤与香花崖豆藤*Callerya dielsiana*（Harms ex Diels）X. Y. Zhu的主要区别在于：亮叶崖豆藤的花序劲直、紧密；花紧接着生。香花崖豆藤的花序伸长，分枝细，花松散着生。

花

果实

果实

叶

菝葜

别　　名　金刚藤、马甲子
科　　属　百合科菝葜属
拉丁学名　*Smilax china* L.

攀援灌木。茎与枝条通常疏生刺。叶薄革质或纸质，宽卵形或圆形，下面淡绿色，有时具粉霜；叶柄有卷须。花单性，雌雄异株，绿黄色，多朵排成伞形花序，生于叶尚幼嫩的小枝上。浆果球形，成熟时红色。花期2—5月，果期9—11月。生于林下、灌丛中、路旁和山坡上。分布于华南、华东、华中、西南。

菝葜的根茎是岭南草药，名字为"金刚头"或"铁菱角"，有祛风湿、利小便、消肿毒之功效，亦可提取淀粉或酿酒。

花

灌木·111

花

假鹰爪

别　　名：酒饼叶、鸡爪珠
科　　属：番荔枝科假鹰爪属
拉丁学名：*Desmos chinensis* Lour.

攀援灌木。叶薄纸质或膜质，长圆形或椭圆形。花黄绿色，单朵与叶对生或互生，花瓣6，2轮，外轮大于内轮。浆果有柄，呈念珠状。花期4—6月，果期6月至翌年3月。生于山地疏林、林缘灌木丛中。分布于广东、香港、广西、云南、贵州。

果实成熟时红色，呈念珠状辐射形，像一串串冰糖葫芦，可食用。海南民间有用其叶制酒饼，故也有"酒饼叶"之称。

假鹰爪跟鹰爪花 *Artabotrys hexapetalus*（L. f.） Bhandari的区别主要有：假鹰爪花瓣纸质，花朵形态似鹰爪，果实念珠状，有明显柄；鹰爪花的花瓣比较厚实，果实卵圆状，柄不明显。

未成熟果实

果实

花

紫玉盘

别 名 油椎、酒饼木
科 属 番荔枝科紫玉盘属
拉丁学名 *Uvaria macrophylla* Roxb.

灌木，全株均被星状柔毛。叶革质，长倒卵形或长椭圆形。花暗紫红色，花瓣圆卵形，雄蕊线形。浆果卵圆形，成熟后暗紫褐色。花期3—8月，果期7月至翌年3月。生于低海拔山地疏林或灌丛中。分布于广西、广东、香港、澳门、台湾。

紫玉盘与山椒子（大花紫玉盘）*Uvaria grandiflora* Roxb. ex Hornem. 的主要区别：紫玉盘的花朵比较小，直径2~4厘米，果实小，卵圆形；山椒子花朵大，直径达9厘米，果实长，长圆柱形，长4~6厘米。两者的果实皆可鲜食，味甜。

种子

植株

果实

灌木 · 113

山椒子

别名 大花紫玉盘、山芭蕉罗
科属 番荔枝科紫玉盘属
拉丁学名 *Uvaria grandiflora* Roxb. ex Hornem.

果实

果实截面

花

攀援灌木。叶纸质近革质，长圆状倒卵形。花单朵，与叶对生，深红色，直径达9厘米，雄蕊长圆形。浆果长圆柱状，长4~6厘米。花期3—11月，果期5—12月。生于山地疏林或灌丛中。分布于广东、香港、澳门、海南、广西。

果实成熟时颜色变橘黄色，形状如芭蕉，别名亦叫"山芭蕉罗"，可以鲜食，味甜。花朵美丽硕大，果实形状奇特，引种作为园林观赏植物，不失为一种观花、观果两相宜的植物。

种子

全株

果枝

花

豹皮樟

别　名	豹皮木姜子、白叶仔
科　属	樟科木姜子属
拉丁学名	*Litsea rotundifolia* var. *oblongifolia* (Nees) C.K. Allen

常绿灌木。叶薄革质，散生，卵状长圆形，下面粉绿色，无毛。聚伞花序；花无梗，花被裂片，花小，淡黄色。果球形，果梗极短，熟时蓝灰色。花期8—9月，果期9—11月。生于山地林中。分布于华南、华东及湖南。

种子可以提取工业用油；根叶入药，味辛，性温，有行气、活血止痛、祛风湿的功效。

与圆叶豹皮樟的主要不同之处在于：本变种叶片呈卵状长圆形至倒卵状长圆形，基部楔形，顶端钝或短渐尖。

果实

植株

灌木·115

花

飞龙掌血

别　　名　黄肉树、大救驾、三文藤
科　　属　芸香科飞龙掌血属
拉丁学名　*Toddalia asiatica* (L.) Lam.

攀援灌木；茎枝及叶轴有甚多向下弯钩的锐刺。指状3出复叶，小叶无柄，椭圆形或倒卵状椭圆形。花白色或淡黄色，雄花序为伞房状圆锥花序；雌花序为聚伞圆锥花序。果橙红色，有4~8条纵向浅沟纹。花期春季，果期秋季。常见于次生林中，攀援于其他树上，石灰岩山地也常见。产于秦岭南坡以南各地。

木质坚实，髓心小，管孔中等大，木射线细而密。广西桂林一带用其茎枝制烟斗出售。全株用作草药，多用其根，味苦、麻，性温，有小毒，有活血散瘀、祛风除湿、消肿止痛之效。

果实

地桃花

别　　名 肖梵天花、黐头婆
科　　属 锦葵科梵天花属
拉丁学名 *Urena lobata* L.

花

果实

灌木。小枝、叶柄、花梗均被星状柔毛。叶片纸质，形状变异较大，叶缘具不规则锯齿。花通常单生，少有2～3花簇生，花瓣5，粉红色。蒴果扁球形，分果爿具锚状钩刺和星状柔毛。花期、果期7月至翌年2月。生于旷野草丛或路边。分布于华南、西南、华东。

别名叫"黐头婆"，意思是紧粘不放的。它的球形果上布满了锚状钩刺，当人或者牲口走过的时候，会粘在人的衣服或者牲口的身体上，把它们携带到更远的地方去播种、繁殖，扩大生存范围。

全株

果实

多花勾儿茶

别名：老鼠屎、牛鼻屎
科属：鼠李科勾儿茶属
拉丁学名：*Berchemia floribunda* (Wall.) Brongn.

勾儿茶属*Berchemia*是源于法国植物学家M. Berchem的名字。

攀援灌木。叶互生，纸质，卵状椭圆形或卵状披针形，两面无毛，侧脉每边9～12条。圆锥花序顶生，花小，淡黄色，花瓣5，倒卵形。核果圆柱状椭圆形。花期8—10月，果期翌年3—5月。生于山地沟旁路边、疏林下和林缘灌丛。分布于华南、华中、华东、西南。

果实成熟后紫黑色，味甜、汁多，略带一丝苦涩，吃完嘴唇乌黑如染墨，是华南地区常见野果之一。根入药，有化瘀止血、镇咳止痛的功效。

种子

花

常山

别　名	白常山、蜀漆
科　属	虎耳草科常山属
拉丁学名	*Dichroa febrifuga* Lour.

植株　　　　　　　果实

灌木。叶形变异大，常椭圆形、倒卵形、椭圆状长圆形或披针形，边缘具锯齿或粗齿。伞房状圆锥花序顶生，花蓝色或白色；花瓣长圆状椭圆形，稍肉质，花后反折。浆果近陀螺形，蓝色。花期2—4月，果期5—8月。生于海拔200~2000米阴湿林中。分布于西南、西北、华南、华中、华东。

常山是很有名的中药，以根入药。根含有常山素Dichroin，为抗疟疾要药，也有涌吐痰涎的功能，通常用于催吐；有毒。

花

黄花倒水莲

别　名　黄花远志、吊吊黄
科　属　远志科远志属
拉丁学名　*Polygala fallax* Hemsl.

　　灌木或小乔木。叶膜质，披针形至椭圆状披针形，全缘，两面均被短柔毛。总状花序顶生或腋生，花下垂；花瓣黄色。蒴果阔倒心形，绿黄色；种子圆形。花期5—8月，果期8—10月。生于山谷林下水旁阴湿处。分布于江西、福建、湖南、广东、广西、云南、香港。

植株

黄花倒水莲的种子结构非常有趣，种子圆形，密被白色短柔毛，顶端有突起的盔状种阜。果实成熟裂开后，露出种阜，常引来动物搬食种阜，是一种借动物来传播种子的方式。

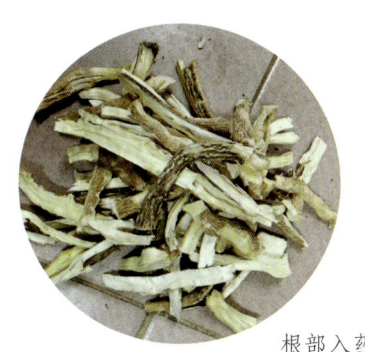

根部入药

果实裂开，露出带种阜的种子

果实剖开，露出种子

羊角拗

别　名 羊角藤、沥口花
科　属 夹竹桃科羊角拗属
拉丁学名 *Strophanthus divaricatus* (Lour.) Hook. & Arn.

蓇葖果

蓇葖果裂开后露种子

　　羊角拗属*Strophanthus*是希腊语strophos（扭成的）+ anthos（花），指花冠裂片扭旋。

　　灌木。小枝棕褐色，密被灰白色圆形皮孔。叶椭圆状长圆形。花黄绿色，花冠5深裂，裂片顶端延长成一长尾，裂片内面基部和冠筒喉部有紫红色斑纹。蓇葖果广叉生，木质。花期3—7月，果期6月至翌年2月。生于丘陵路边疏林或灌丛中。分布于广东、广西、福建、云南、贵州、香港。

　　蓇葖果广叉开，木质，椭圆状长圆形，顶端渐尖，基部膨大，像山羊的一对角，因此得名"羊角拗"。全株有毒，主要为羊角拗甙、西诺异甙等甙类毒，根毒性最强。

花

花枝

细轴荛花

别　名	山条子、黄荛花
科　属	瑞香科荛花属
拉丁学名	*Wikstroemia nutans* Champ. ex Benth.

植株

果实

灌木。叶对生，膜质，卵状椭圆形至卵状披针形，全缘。花黄绿色，花萼管状，花序梗纤细，下弯。核果椭圆形，成熟时深红色。花期1—4月，果期5—9月。生于山坡灌丛、路旁。分布于广东、广西、福建、湖南、香港、海南。

细轴荛花与同属植物了哥王 *Wikstroemia indica* (L.) C. A. Mey. 的区别在于：前者花序梗较细长，下垂，1~2厘米；后者花序较粗短，0.5~1厘米。两者果实都有毒，含南荛素、荛花酚等多种木脂体。

花

灌木。叶对生，纸质至近革质，倒卵形、椭圆状长圆形或披针形，全缘，无毛。花黄绿色。核果椭圆形，成熟时红色至暗紫色。花期、果期4—10月。生于林下或石山上。分布于广东、海南、广西、福建、湖南、贵州、云南、浙江、香港。

全株有毒，可药用；茎皮纤维可作造纸原料。

了哥王

别　　名　地棉根、地棉皮
科　　属　瑞香科荛花属
拉丁学名　*Wikstroemia indica* (L.) C. A. Mey.

果枝

果实

植株

草珊瑚

别　名	鸡爪兰、九节茶
科　属	金粟兰科草珊瑚属
拉丁学名	*Sarcandra glabra* (Thumb.) Nakai

草珊瑚属*Sarcandra*是希腊语sarkos（肉）+andros（雄蕊），指花丝肉质。

灌木。单叶对生，革质，叶片卵状披针形至椭圆状卵形，边缘具粗锐锯齿，两面均无毛。穗状花序顶生，花黄绿色。核果球形，熟时红色。花期6月，果期8—10月。生长于山坡、沟谷常绿阔叶林下阴湿处。分布于华东、华南、西南。

果实颜色鲜红艳丽，叶子翠绿，具有观赏性，常作盆景植物栽培于庭院以及园林绿化中。全株可以入药，具有清热解毒功效。市面常见有含草珊瑚成分的润喉片等。

花

果实

全株

气生根

老鼠簕

别　名	冬青叶老鼠簕
科　属	爵床科老鼠簕属
拉丁学名	*Acanthus ilicifolius* L.

老鼠簕属*Acanthus*是希腊语akantha（针、刺），指叶边缘有锐刺状的齿缺。

灌木。叶多为矩圆形，边有深波状带刺的齿，叶柄短，基部有1对锐利的刺。花冠淡蓝色，单唇形，花冠筒极短，上唇退化，下唇长约3厘米，顶端3微裂。蒴果椭圆形。花期、果期全年。分布于海南、广东、广西、福建、香港、澳门。

老鼠簕生于我国南部海岸及潮汐能至的滨海地带，为红树林重要组成之一。叶片正面有盐腺，能通过盐腺把由于蒸腾作用而积累过多的盐分排出体外，使叶片得以保持盐分平衡。

花

果实

叶片泌盐现象

草海桐

别　　名　水草仔
科　　属　草海桐科草海桐属
拉丁学名　*Scaevola taccada* (Gaertn.) Roxb.

全株

叶片上潜叶蛾的痕迹

灌木。叶片带肉质，倒卵形或匙形，全缘。聚伞花序腋生，花冠白色，带紫色，檐部向一侧开展，裂片5，有翅。果实卵球形。花期3—9月，果期8月至翌年1月。常见于华南沿海沙滩、石砾地。生长迅速，海岸固砂防潮树种。分布于广东、广西、海南、福建、香港、台湾。

草海桐的花冠奇特，花瓣5片呈扇形张开，像被削去了一半；果实成熟时白色，犹如镶缀着一粒粒洁白的珍珠。有些地方把野生的草海桐驯化为园林观赏植物，种植在海湾口的一些咸淡水交接的堤岸上，可用来防风防沙。

果实

花

檵木

别　名	檵柴、刀脂木
科　属	金缕梅科檵木属
拉丁学名	*Loropetalum chinense* (R. Br.) Oliv.

花

果枝

檵木属*Loropetalum* 是希腊语loron（皮带）+ petalon（花瓣），指花瓣狭长呈带形。

灌木或小乔木。叶革质，卵形，全缘。花3~8朵簇生，白色。花瓣4片，带状。蒴果卵圆形。花期2—4月，果期5—8月。喜生于向阳的丘陵及山地。分布于华中、华南、西南。

檵木是广东省常见的一种灌木，花瓣细长，像纸碎一样，所以又名"纸末花"。每年春节过后，檵木陆续吐出嫩叶，然后慢慢变绿，再继而开出飘逸的丝状小花，随处可见，舒展烂漫，增添了许多春日山野的风韵。

蒴果成熟后，果皮干燥，水分减少，缝合线因果皮的张力炸开，黑色光滑的种子受到果壳的压力，会飞弹出去几米远，此为借自力传播种子的方式。

种子

植株

花

波斯婆婆纳

别　名　阿拉伯婆婆纳
科　属　玄参科婆婆纳属
拉丁学名　*Veronica persica* Poir.

草本。叶卵形或圆形，边缘具钝齿，两面疏生柔毛。花冠蓝色、紫色或蓝紫色。蒴果肾形，被腺毛；种子背面具深的横纹。花期3—5月。原产于亚洲西部及欧洲。分布于华东、华中、华南、西南及新疆。

全株

波斯婆婆纳有自花授粉现象。雄蕊会朝内侧弯卷起来，借此触碰同朵花的雌蕊而进行授粉。当花朵谢后，会结出一对卵状的果实，如犬的阴囊，日语叫它"大犬的阴囊"（大犬のふぐり），其拉丁学名*Veronica persica*中的veronica是基督教圣女维罗妮卡的名字，她曾用汗巾为耶稣擦拭过面颊，花语是：信赖、神圣、清明和忠实。

婆婆纳为何物呢？据说是它的种子形态跟旧时妇女做针线活儿用的针线包特别像，因此得名。

果实

草本・133

全株

尾花细辛

别　名　圆叶细辛
科　属　马兜铃科细辛属
拉丁学名　*Asarum caudigerum* Hance

细辛属*Asarum*是希腊语a（无）+saron（枝），指植株无茎。

草本。叶片阔卵形。花被绿色，被紫红色圆点状短毛丛；花被裂片直立，下部靠合如管，喉部稍缢缩，内壁有柔毛和纵纹，花被裂片先端骤窄成细长尾尖。果近球状。花期4—5月。生于林下、溪边和路旁阴湿地。分布于华东、华中、华南、西南。

花型奇特，呈三角形状，3枚花被裂片先端骤窄成细长飘逸的尾尖，尾长可达1.2厘米；从喉部可以看到里面的雄、雌蕊。全草入药，多作土细辛用，或作兽药。

植株

地锦苗

别　名　尖距紫堇、红花鸡距草
科　属　罂粟科紫堇属
拉丁学名　*Corydalis sheareri* S. Moore

紫堇属 *Corydalis* 是希腊语 korydos（一种具冠毛的云雀），指花冠的距状如天雀。

草本。基生叶数枚，二回羽状全裂，裂片卵形，中部以上具齿状深齿。花瓣紫红色，平伸，上花瓣舟状卵形，花距圆锥形，末端极尖，长度为花瓣的1.5倍。花期、果期3—6月。生于水边或林下潮湿地。分布于华东、华南、西南、华中。

尖距紫堇带有狭长的花距，蜜腺藏在花距最末端，昆虫为了获得花蜜，必须迂回曲折地往深处去，该过程中身上沾满花粉，帮花朵们加强了授粉的机会。

花

草本 · 135

植株

青葙

别　名　野鸡冠花、指天笔
科　属　苋科青葙属
拉丁学名　*Celosia argentea* L.

种子
0.5mm

花

青葙属*Celosia*是希腊语kelos（火焰），指花序红色状如火焰。

草本，全株无毛。茎直立，有分枝。叶矩圆状披针形至披针形，绿色常带红色，顶端急尖或渐尖。塔状或圆柱状穗状花序；苞片、小苞片和花被片干膜质，光亮，淡红色。胞果卵形，盖裂；种子肾状圆形，黑色，光亮。花期5—8月，果期6—10月。生于平原、田边、丘陵、山坡，野生或栽培。全国广布。

种子供药用，有清热明目作用；花序宿存经久不凋，可供观赏；嫩茎叶浸去苦味后，可作野菜食用。全植物可作饲料。

花

全株

紫花地丁

别名 野堇菜、光瓣堇菜
科属 堇菜科堇菜属
拉丁学名 *Viola philippica* Cav.

草本。叶多数，基生，莲座状，呈三角状卵形或狭卵形。花中等大，紫堇色或淡紫色，稀呈白色，喉部色较淡并带有紫色条纹。蒴果长圆形。花期、果期4月中下旬至9月。生于田间、荒地、山坡草丛、林缘或灌丛中。分布于东北、华北、华东、华中、西南、华南。

紫花地丁的结实有两种情况：一种是正常的开花，依赖昆虫授粉结籽；另外一种是自花授粉，即花瓣不需要打开依赖昆虫，在保持花蕾的状态下自行授粉。顾名思义，"地丁"就是"大地的孩子"，有适合它们的土壤，就会随处繁殖，在地球上世世代代生息下去。

1mm　种子

草本·137

全株

虎耳草

别名：石荷叶、金丝荷叶、金线吊芙蓉
科属：虎耳草科虎耳草属
拉丁学名：*Saxifraga stolonifera* Curtis

虎耳草属 *Saxifraga* 是拉丁语 saxum（石）+ frango（打破），指某些种生于岩石上，且使岩石破裂。

草本。匍匐茎细长，密被卷曲长腺毛，具鳞片状叶。基生叶具长柄，叶片近心形、肾形至扁圆形，背面通常红紫色，被腺毛。花瓣白色，中上部具紫红色斑点，基部具黄色斑点，5枚，其中3枚较短，另2枚较长。花期、果期4—11月。生于林下、灌丛、草甸和阴湿岩隙。产于我国南北各省。

虎耳草具有强的无性繁殖能力，匍匐茎多而长，能匍匐到距离植株几十厘米外，前端长出新芽并发不定根，产生一株株小幼苗，落地生根。

花特写　　　　　　　　　　植株

鹅肠菜

别　　名　牛繁缕
科　　属　石竹科 鹅肠菜属
拉丁学名　*Myosoton aquaticum* (L.) Moench

全株

种子
0.5mm

草本。叶片卵形或宽卵形，有时边缘具毛。花瓣白色，2深裂至基部，裂片线形或披针状线形，雄蕊10，稍短于花瓣。蒴果卵圆形。花期5—8月，果期6—9月。生于河流两旁冲积沙地的低湿处或灌丛林缘和水沟旁。产于我国南北各省。

鹅肠菜与同科植物雀舌草*Stellaria uliginosa* Murray的区别在于：鹅肠菜是鹅肠菜属，叶卵形，有明显长叶柄，雄蕊10枚；雀舌草是繁缕属，叶无柄或者短柄，雄蕊5枚。

花

飞扬草

别　名 乳籽草、大飞扬

科　属 大戟科飞扬草属

拉丁学名 *Euphorbia hirta* L.

草本。叶对生，披针状长圆形或卵状披针形，叶面绿色，叶背灰绿色，有时具紫色斑，两面均具柔毛。花序密生成头状，总苞钟状，腺体紫红色，边缘具白色附属物。蒴果三棱状。花期、果期6—12月。生于路旁、草丛、灌丛及山坡，多见于砂质土。分布于华东、华中、华南、西南。

飞扬草是最常见的野草之一，几乎遍布广东，屋前、屋后及路边随处可见，掐断它的茎，有白色乳汁流出。全草入药，可治痢疾、肠炎、皮肤湿疹、皮炎、疖肿等；鲜汁外用治癣类。

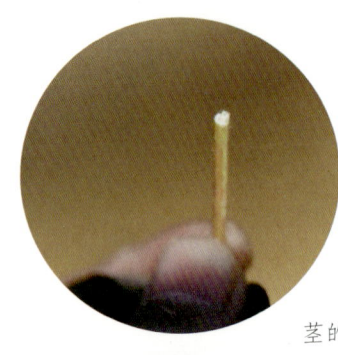

茎的乳汁

花序

全株

植株

小叶冷水花

别　名：透明草、小叶冷水麻
科　属：荨麻科冷水花属
拉丁学名：*Pilea microphylla* (L.) Liebm.

冷水花属 *Pilea* 是希腊语pileos（帽），指花被裂片帽形。

小草本。茎肉质，多分枝。叶小，倒卵形至匙形，全缘。雌雄同株，有时同序，聚伞花序密集成近头状。雄花，花被片4。雌花，花被片3。瘦果卵形。花期6—8月；果期9—12月。常生长于路边石缝和墙上阴湿处。原产于南美洲热带，后引入亚洲、非洲热带地区，在广东、广西、福建、江西、浙江低海拔地区已成为广泛的归化植物。

植物体小，嫩绿秀丽，花开时轻轻震动植物，弹散出的花粉犹如一团烟火，十分美丽。可作栽培观赏用，或作小盆景栽培。全草入药，有消炎解毒之效。

叶片特写　　　　全株

草本 · 141

全株

野蕉

别名 山芭蕉
科属 芭蕉科芭蕉属
拉丁学名 *Musa balbisiana* Colla

高大草本，高达6米。叶长达3米，宽35～50厘米，叶面绿色，叶背被白霜。花序下垂，雌花苞片脱落，雄花及中性花宿存，花被有裂齿。浆果圆柱形，果内具多数种子；种子扁球形，褐色，具疣。生于沟谷坡地的湿润常绿林中。分布于云南、广西、广东、香港、海南、福建。

野蕉是目前世界上栽培香蕉的亲本之一。我们已经习惯了吃人工栽培改良后的无种子的香蕉，当剖开原生野蕉的果实后，看到布满了许多黑色坚硬的种子时惊奇不已。

切开的果实

花 　　　　　果实

种子

植株

姜花

别名 蝴蝶花、白草果
科属 姜科姜花属
拉丁学名 *Hedychium coronarium* J.Koenig

草本。叶片长圆状披针形，叶面光滑，叶背被短柔毛。穗状花序顶生，花芬芳，白色。花冠管纤细；裂片披针形；唇瓣倒心形，白色，基部稍黄，顶端2裂。花期8—12月。生于林中或栽培。分布于四川、云南、广西、广东、湖南、香港、澳门、海南、福建。

姜花有野生和人工栽培。花店里卖的姜花，很多人误以为是食用姜的花，其实两者不同属，姜花属于姜花属*Hedychium*，姜属于姜属*Zingiber*。

花洁白芳香，常引来晚间活动的长喙天蛾等蛾类访花授粉。根茎入药解表。

花

花

果实

草本 · 143

阳荷

别　　名　野良姜
科　　属　姜科姜属
拉丁学名　*Zingiber striolatum* Diels

草本。叶片披针形或椭圆状披针形。花冠管白色，裂片长圆状披针形，白色或稍带黄色，有紫褐色条纹；唇瓣倒卵形，浅紫色。蒴果熟时开裂成3瓣，内果皮红色；种子黑色，被白色假种皮。花期7—9月，果期9—11月。生于林荫下、溪边。分布于四川、贵州、广西、湖北、湖南、江西、广东、香港、海南。

阳荷的蒴果成熟裂开后，黑色的种子被白色假种皮包裹部分，留出部分，宛如一对对大眼睛在眨，像螃蟹们爬出巢穴之前探出头来观察外面是否安全，胆怯却不失可爱。

阳荷与蘘荷*Zingiber mioga*（Thunb.）Rosc. 的主要区别在于：阳荷的花紫色，唇瓣倒卵形；蘘荷的花淡黄色，唇瓣卵形。

果实和种子

植株

植株

金钮扣

别　名：小铜锤、天文草
科　属：菊科金钮扣属
拉丁学名：Spilanthes paniculata Wall. ex DC.

一年生草本。多分枝，带紫红色。叶卵形，宽卵圆形或椭圆形，全缘，波状或具波状钝锯齿，两面无毛或近无毛。头状花序单生；花黄色，雌花舌状；两性花花冠管状。瘦果长圆形。花期、果期4—11月。常生于田边、沟边、溪旁潮湿地、荒地、路旁及林缘。分布于云南、广东、香港、海南、广西、台湾。

全草供药用，有解毒、消炎、消肿、祛风除湿、止咳定喘等功效。有小毒，用时应注意。

花

草本·145

花 叶

藿香蓟

别　名　胜红蓟、白花臭草
科　属　菊科藿香蓟属
拉丁学名　*Ageratum conyzoides* (L.) L.

草本，全株有香气。全部茎枝淡红色，或上部绿色。叶对生，卵形，边缘圆锯齿。头状花序4～18个在茎顶排成伞房状花序，花淡紫色或浅蓝色。瘦果黑褐色，5棱。花期、果期全年。生于荒坡、路旁、林缘。原产中南美洲。作为杂草已广泛分布于我国长江流域以南地区。

藿香蓟与假臭草 *Praxelis clematidea* （Griseb.）R. M. King & H. Rob. 的主要区别在于：

1. 属不同。藿香蓟属于藿香蓟属；假臭草是泽兰属。

2. 叶形不同。藿香蓟的叶为阔卵形或卵形，叶形较圆润，锯齿比较钝，边缘锯齿不明显；假臭草的叶为卵形、宽卵形或菱形，叶形较尖，边缘锯齿明显。

3. 气味不同。在叶片气味方面，假臭草的叶片揉搓后可以闻到一种类似猫尿的刺激性气味，而藿香蓟的气味比较淡。

4. 总苞不同。藿香蓟的总苞呈杯状，而假臭草的则呈长筒形或钟形。

和假臭草的区别

植株

假臭草

科　属　菊科泽兰属

拉丁学名　*Praxelis clematidea* (Griseb.) R. M. King & H. Rob.

草本。全株被长柔毛。叶对生，叶卵圆形至菱形，边缘明显齿状，每边5~8齿。头状花序生于茎、枝端，花藏蓝色或淡紫色。瘦果黑色，条状，具3~4棱。花期、果期6—11月。广泛分布于广东、福建、澳门、香港、台湾、海南等地。

假臭草原产于南美洲，现散布于东半球热带地区。20世纪80年代在我国香港首次被发现，到了90年代开始在深圳被发现，后来陆续在广州等其他地方也被发现。

防治假臭草是一个较重要的任务。其所到之处排斥其他草类，严重影响该地的植物多样性，而且还严重消耗土壤养分，破坏土壤的肥力与可耕性，并分泌一种有毒的恶臭味，不利于家畜觅食。

全株

花

全株

白花鬼针草

别　名：一包针、粘人草
科　属：菊科鬼针草属
拉丁学名：*Bidens alba* (L.) DC.

草本。叶对生，茎下部叶为一回羽状复叶，小叶常3枚；茎上部叶为单叶，不分裂。头状花序排成顶生疏伞房状花序；总苞片2层；边缘舌状花5~8，白色；中央管状花，黄色。瘦果条形，顶端有2条芒刺。花期、果期6—11月。原产于美洲热带，现广泛分布于热带地区。

菊科鬼针草属下面有3个种极容易混淆。

白花鬼针草：头状花序，花大，直径达4.2厘米，有舌状花和管状花，瘦果顶端2条芒刺。

鬼针草：头状花序，花小，直径小于2厘米，无舌状花，只有管状花，瘦果顶端3~4条芒刺。

三叶鬼针草（鬼针草的变种）：头状花序，花小，直径小于2厘米，有舌状花和管状花，瘦果顶端3~4条芒刺。

花

果

瘦果粘刺衣服，跟随人活动而传播

野茼蒿

别　　名　革命菜
科　　属　菊科野茼蒿属
拉丁学名　*Crassocephalum crepidioides* (Benth.) S. Moore

草本。叶膜质，椭圆形或长圆状椭圆形，边缘有不规则锯齿，有时基部羽状裂。头状花序数个在茎端排成伞房状，总苞钟状，小花全部管状，两性，花冠红褐色或橙红色。瘦果狭圆柱形，赤红色；冠毛极多数，白色。花期、果期全年。山坡路旁、水边、灌丛中常见。华中、华南、西南等地均有归化。

野茼蒿原产非洲，在我国已广泛分布。全草入药，有健脾、消肿之功效，治消化不良、脾虚浮肿等症。嫩叶是一种味美的野菜。

带冠毛的瘦果

幼苗

植株

全株

金线兰

别　名　花叶开唇兰
科　属　兰科开唇兰属
拉丁学名　*Anoectochilus roxburghii* (Wall.) Lindl.

陆生兰，草本。根状茎匍匐，伸长。叶具柄，卵椭圆形，急尖，上面黑紫色有金黄色的脉网，背面带淡紫红色。总状花序具2~6朵花，萼片淡红褐色，被毛。花瓣白色，唇瓣在上方，"Y"字形，具6~8条流苏。蒴果卵圆形。花期、果期8—12月。生于常绿阔叶林下或沟谷阴湿处。分布于广东、广西、福建、江西、浙江、云南、四川。

叶面暗紫红色，具有金黄色脉网，纵横交错，非常美丽，得名"金线兰"。全草入药。由于过分夸大其药用价值，导致野生金线兰被不法分子过度挖掘及贩卖，数量锐减。野生兰科植物保护法规的问世及有效执行刻不容缓，迫在眉睫。

花

石仙桃

别　名	石上仙桃、石橄榄
科　属	兰科石仙桃属
拉丁学名	*Pholidota chinensis* Lindl.

石仙桃属 *Pholidota* 是希腊语 Pholidos（鳞片）+ous（耳），指鳞片状的苞片耳形。

附生兰，草本。假鳞茎狭卵状长圆形，肉质，顶生2枚叶。叶倒卵状椭圆形。总状花序下垂；花白色或淡黄色，萼片卵形，花瓣扁平，条形；唇瓣凹陷或基部囊状，3裂。蒴果倒卵状椭圆形。花期4—5月，果期9月至翌年1月。生于林缘树上、岩壁上或岩石上。分布于云南、贵州、广西、广东、香港、福建。

假鳞茎似橄榄，多生长于岩石上，故别名"石橄榄"。入药，可润肺、镇静。石仙桃的生长海拔不高，常生长于路边岩石上，极容易被路人发现而遭挖掘，很多村民常挖回去煲汤，造成极大的野生资源破坏。

果实

花

全株

橙黄玉凤花

别 名	红人兰、红唇玉凤花
科 属	兰科玉凤花属
拉丁学名	*Habenaria rhodocheila* Hance

玉凤花属 *Habenaria* 是拉丁语 habena（缰），指某些种的花距如带形。

草本。块茎长圆形；茎粗壮。叶片线状披针形。总状花序，具2～10朵花；萼片和花瓣绿色；唇瓣橙黄色至红色，4裂；花距细圆筒状，下垂。蒴果纺锤形。花期7—8月，果期9—10月。生长于阔叶林阴暗处。分布于华南、华东、西南。

橙黄玉凤花有长花距，长达2～3厘米。当一丛花同时开放时候，仿佛是一架架准备冲上云霄的战斗机，让人不由地感叹大自然的奇妙。

花

果实

全株

紫纹兜兰

别　名	香港兜兰、香港拖鞋兰
科　属	兰科兜兰属
拉丁学名	*Paphiopedilum purpuratum* (Lindl.) Stein

全株

果实

兜兰属名*Paphiopedilum*中的pedilum 来自于希腊语pedilon（拖鞋）。

地生兰，草本。叶基生，狭椭圆形，上面具暗绿色与浅黄绿色相间的网格斑。花瓣紫红色或浅栗色而有深色纵脉纹、绿白色晕和黑色疣点；唇瓣紫褐色或淡栗色。蒴果纺锤形。花期10月至翌年1月。生于溪谷旁苔藓砾石丛生之地或岩石上。分布于广东、香港、广西、云南。

当昆虫不小心进入拖鞋状的唇瓣后，由于唇瓣内壁光滑无法停驻，身上沾满花粉的昆虫，只能顺着唇瓣后方的蕊柱那条狭窄的通道口出去，这样达到授粉的目的。此为植物自身设计的"陷阱"。

花

鹤顶兰

科　属　兰科鹤顶兰属
拉丁学名　*Phaius tankervilleae* (Banks) Blume

花

地生兰，植株高大。假鳞茎圆锥形，被鞘。叶2~6枚，长圆状披针形，长达70厘米，基部收狭为长达20厘米的柄，两面无毛。花葶从假鳞茎基部发出；总状花序具多数花；花苞片大，膜质；花大，美丽，背面白色，内面暗赭色或棕色；萼片长圆状披针形；花瓣长圆形，与萼片等长而稍狭；唇瓣背面白色带茄紫色的前端，内面茄紫色带白色条纹。花期3—6月。生于林缘、沟谷或溪边阴湿处。分布于台湾、福建、广东、香港、海南、广西、云南、西藏。

广东分布的鹤顶兰属还有黄花鹤顶兰 *Phaius flavus*（Bl.）Lindl.及大花鹤顶兰 *Phaius magniflorus* Z. H. Tsi & S. C. Chen。

全株

蒴果 　　　假鳞茎

分泌的蜜露

竹叶兰

别　名　禾叶兰
科　属　兰科竹叶兰属
拉丁学名　*Arundina graminifolia*（D.Don）Hochr.

果实

　　竹叶兰属*Arundina*是拉丁语arundo（芦苇），指其茎秆形似芦苇。

　　草本。茎直立，圆柱形，细竹竿状，通常为叶鞘所包。叶线状披针形，薄革质。总状或圆锥花序，具2～10朵花；花紫红色；萼片狭椭圆形；花瓣椭圆形；唇瓣轮廓近长圆状卵形，3裂。蒴果近长圆形。花期、果期9—11月。生于草坡、溪谷旁、灌丛下或林中。分布于我国长江以南地区。

　　叶片狭长，似竹叶，因此得名"竹叶兰"。竹叶兰不太挑剔生长地方，只要稍微靠近有水源的地方就行。开花期间，分泌花蜜，如露珠般挂在花梗上，引来蚂蚁等吸食。全草入药，治肝炎、跌打损伤、风湿疼痛、膀胱炎。

全株

全株

果实

流苏贝母兰

别　名　棕石兰
科　属　兰科贝母兰属
拉丁学名　*Coelogyne fimbriata* Lindl.

  贝母兰属 *Coelogyne* 是希腊语 koelos（空的）+ gyne（妇人），指雄蕊凹陷。

  附生兰，草本。假鳞茎卵形，顶生2叶。叶矩圆状披针形。花淡黄色；花瓣狭线形，和萼片近等长；唇瓣黄色或具红褐色条纹，3裂；中裂片近圆形，顶端微凹，上具红褐色斑点，边缘具睫毛状流苏。蒴果卵形。花期8—10月。生于林缘树干上或溪谷旁荫蔽岩石上。分布于江西、广东、香港、广西、云南、西藏。

  裂片的边缘有一排像睫毛状的流苏，名字中的"流苏"来源于此处结构。花朵色彩艳丽，秋末野花少，能看到流苏贝母兰的美丽姿容，算是乐事。

花

假鳞茎

草本·157

果实

苞舌兰属 *Spathoglottis* 是希腊语 spathe（窄平的薄片）+ glossa（舌），指唇瓣舌形。

陆生兰，草本。假鳞茎扁球形，具1~3叶。叶片狭披针形。花葶纤细，被短柔毛；总状花序顶生，疏生2~8花；花梗和子房被柔毛；花黄色；萼片椭圆形；花瓣矩圆形；唇瓣3裂，侧裂片镰状矩圆形，中裂片倒卵状楔形；唇盘上具3条纵向龙骨脊。花期7—10月。生林缘、山坡路旁。分布于长江流域和以南各省区。

叶片狭长、带状；花葶纤细，混在植物丛中，一副弱不禁风、我见犹怜的样子，而其鲜艳明亮的黄色花朵，则是吸引路人目光的焦点所在。

花

苞舌兰

别　名　黄花苞舌兰
科　属　兰科苞舌兰属
拉丁学名　*Spathoglottis pubescens* Lindl.

全株

果实

铜锤玉带草

别　　名　地钮子、老鼠拖地锤
科　　属　桔梗科半边莲属
拉丁学名　*Lobelia angulata* G. Forst.

　　多年生草本，有白色乳汁。茎匍匐，被柔毛。叶互生，卵形。花单生于叶腋，花冠紫红色或淡紫色。浆果紫红色，椭圆状球形，顶部有宿存的萼片，可鲜食，味道微甜。花期、果期全年。生于田边、路旁、草坡或疏林中湿地。分布于华南、华东、西南。

　　浆果成熟时紫红色，椭圆形；果梗可长达3厘米，像古代兵器铜锤，取名"铜锤玉带草"极为形象。全草入药，有祛风利湿、活血散瘀的作用。

花

全株

草本 · 159

花

半边莲

别　名　瓜仁草、细米草、急解索
科　属　桔梗科半边莲属
拉丁学名　*Lobelia chinensis* Lour.

多年生草本。茎平卧，在节上生根。叶无柄或近无柄，狭披针形或条形，顶端急尖，边全缘或有波状小齿，无毛。花通常1朵生分枝上部叶腋；花冠粉红色，近一唇形，裂片5。蒴果倒锥形。花期、果期全年。在长江中、下游及以南各省区广布。

半边莲的花形，顾名思义，就是只有莲花的一半，好像被削去一半而残缺的样子，仔细看花朵，如佛祖微微伸开的五指。全草药用，治毒蛇咬伤、炎肿麻木等症。另外，唇形科植物半枝莲 *Scutellaria barbata* D. Don 亦可以做蛇药，两者名字接近。

植株

羊乳

别　　名　轮叶党参、羊奶参
科　　属　桔梗科党参属
拉丁学名　*Codonopsis lanceolata* (Sieb. & Zucc.) Trautv.

花

花蕾

多年生草本。茎缠绕。主茎上的叶互生，披针形，细小；在小枝顶端通常2~4叶簇生，而近于对生或轮生状，叶片菱状卵形。花冠阔钟状，浅裂，裂片三角状，反卷，黄绿色或乳白色内有紫色斑。蒴果。花期、果期7—8月。生于山地灌木林下沟边阴湿地区或阔叶林内。全国除西北地区外，广泛分布。

嫩叶能当野菜食用，根部可以入药，有补血通乳功效，食药两用。人工种植羊乳是一种比较可行的方法，以满足日益增加的需求，减少对野生资源的过度破坏。

花

花

韩信草

别　名 大力草、烟管草
科　属 唇形科黄芩属
拉丁学名 *Scutellaria indica* L.

　　黄芩属*Scutellaria*是拉丁语scutella（碟），指花萼果时呈碟状。

　　多年生草本。叶具柄，心状卵形或卵状椭圆形，两面被微柔毛或糙伏毛。花对生，在茎或分枝顶上排列成总状花序；花冠蓝紫色，筒前方基部膝曲，下唇中裂片圆状卵形。小坚果卵形，具瘤。花期、果期2—6月。生于山地或丘陵地、疏林下、路旁空地及草地上。分布于江南各省区，北达河南及陕西。

　　有一个传说，西汉开国功臣韩信年轻的时候，在市场上卖鱼，被无赖打伤，卧床不起，服用药草而愈合。后来当了西汉大将军之后用该药草治愈受伤士兵，于是，该药草被称为"韩信草"。全草外用治跌打损伤，内服平肝消热。

植株

活血丹

别　名　透骨消、金钱草
科　属　唇形科活血丹属
拉丁学名　*Glechoma longituba* (Nakai) Kuprian.

叶

花

植株

多年生草本，具匍匐茎。叶草质，叶片心形或近肾形，边缘具圆齿。轮伞花序，通常2花。花冠淡蓝、蓝色至紫红色，下唇具深色斑点；冠檐二唇形，上唇直立，2裂，下唇3裂。小坚果深褐色，长圆状卵形。花期4—5月，果期5—6月。生于林缘、疏林下、草地中、溪边等阴湿处。除青海、甘肃、新疆及西藏外，全国各地均产。

每年春天，田埂边、水沟边总是不期然地冒出一大片活血丹，开着紫红色的花，远远看过去星星点点，惹人喜爱。民间广泛用全草或茎叶入药，治膀胱结石或尿路结石。

植株

马齿苋

别名：瓜子菜、五行草
科属：马齿苋科马齿苋属
拉丁学名：Portulaca oleracea L.

草本，全株无毛。茎平卧，伏地铺散，多分枝。叶互生，叶片扁平，肥厚，倒卵形，似马齿状，全缘。花无梗，常3～5朵簇生枝端，午时盛开；花瓣5，黄色。蒴果卵球形。花期5—8月，果期6—9月。生于菜园、农田、路旁，为田间常见杂草。我国南、北各地均有分布。

明代著名的《救荒本草》中，马齿苋的名字为"五行草"，即叶子为青色，梗为红色，花为黄色，根为白色，种子黑色，集全了五种颜色。嫩茎叶可作蔬菜，味酸，开胃。同时，亦有清热利湿、解毒消肿、消炎、止渴、利尿作用。

花

0.5mm　　种子

花

野百合

别　名　白花百合、淡紫百合
科　属　百合科百合属
拉丁学名　*Lilium brownii* F. E. Br. ex Miellez

花

果实

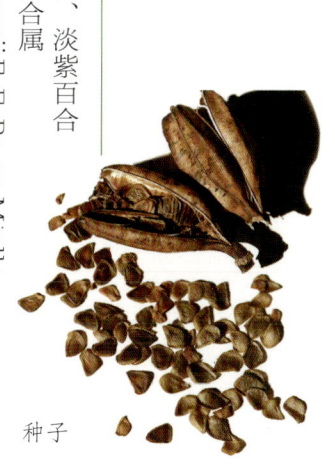
种子

草本。鳞茎球形。叶散生，披针形或条形，全缘。花单生或2～3朵排成顶生的伞形花序，花大，喇叭形，有香气，乳白色，外面稍带紫色。蒴果矩圆形，有6棱。花期5—6月，果期9—10月。生于山坡、灌木林下、路边、溪旁或石缝中。分布于华南、西南、华东、华中。

百合属植物，具有鳞茎，其肥厚之鳞片，可以食用，亦可供药用。"百合"之名，与其鳞茎有关，"百"表示数量之多，"合"通"蛤"，贝类；意为百合的鳞茎犹如许多蛤蛎的壳片聚合。

草本·165

萱草

别　名　无忧花、金针菜
科　属　百合科萱草属
拉丁学名　*Hemerocallis fulva* (L.) L.

全株

花

植株

　　草本。根先端膨大成纺锤形。叶基生，条形，花冠漏斗形，橘黄色；内轮花被片中都有褐色的粉斑，边缘波浪皱褶。蒴果。花期6—8月，果期8—9月。生于山坡路边或溪边草丛中。分布于我国南部。

　　萱草早在两千多年前的《诗经》中就有记载，其中，《国风·卫风·伯兮》描述："其雨其雨，杲杲出日。愿言思伯，甘心首疾。焉得谖草？言树之背。愿言思伯，使我心痗。"

　　意思是："下雨吧，可偏偏又出了太阳，总是事与愿违。我情愿想你想得头疼，只希望我的思念能换回你的归来。树荫之下生长的忘忧草（萱草），能够消除掉记忆的痛苦，我佩戴了忘忧草，却仍不能忘记你。"（诗中的谖草即为萱草）

山菅兰

别　名	老鼠砒霜、山绞剪
科　属	百合科山菅兰属
拉丁学名	*Dianella ensifolia* (L.) DC.

果实

花

　　山菅兰属*Dianella*是希腊神话中司狩猎的女神diana的名字。

　　草本。叶条状披针形，基部鞘状套折，顶端长渐尖，边缘和沿叶背中脉具细锐齿。总状花序组成顶生圆锥花序，分枝疏散；花淡黄色、绿白色至淡紫色。浆果蓝紫色。花期、果期3—8月，生于路旁山坡疏林中。分布于华南、华东、西南。

　　根状茎有毒，旧时用其植株熬汁泡米饭来毒杀老鼠，也被称为"老鼠砒霜"。浆果成熟时为蓝紫色，颜色鲜艳，带光泽，像一粒粒蓝宝石，非常漂亮。

全株

根状茎

华重楼

别　名：中华重楼
科　属：百合科重楼属
拉丁学名：*Paris polyphylla* var. *chinensis* (Franch.) H.Hara

草本。根状茎粗厚，密生多数环节和须根。叶常5~8枚轮生，通常7枚，倒卵状披针形或矩圆状披针形。花顶生，单生；外轮花被片绿色，3~6枚，叶状，卵状披针形；内轮花被片狭条形。蒴果紫色。花期5—7月，果期8—10月。生于林下荫处或沟谷边的草丛中。分布于华南、华东、华中、西南。

华重楼是七叶一枝花的变种。第一轮为轮生叶，第二轮为叶状花序，常被人误以为是叶片。根状茎可以入药，性苦，微寒，有小毒。用于咽喉肿痛、小儿惊风、毒蛇咬伤、疔疮肿毒等症状。

生长在林下的华重楼

全株

植株

日本蛇根草

别　名　散血草、猪菜
科　属　茜草科蛇根草属
拉丁学名　*Ophiorrhiza japonica* Blume

蛇根草属 *Ophiorrhiza* 是希腊语 ophis（蛇）+rrhiza（根），指根细长如蛇。

草本。叶片纸质，卵形。聚伞花序顶生，有花多朵；花二型，花柱异长，长花柱和短花柱均内藏；花冠白色或粉红色，近漏斗状。蒴果近僧帽状。花期冬、春季。生于常绿阔叶林下的沟谷沃土上。分布于华南、华中、华东、西南及陕西。

日本蛇根草按照花柱的长短分为长柱花和短柱花：长柱花的花柱长9~11毫米，被疏柔毛，柱头2裂；短柱花的花柱长约3毫米，柱头裂片披针形。

花

横根

草本 · 169

全株

垂序商陆

别名：美洲商陆、洋商陆、垂穗商陆
科属：商陆科商陆属
拉丁学名：*Phytolacca americana* L.

草本。根肥大，倒圆锥形。茎直立或披散，圆柱形，有时带紫红色。叶大，长椭圆形或卵状椭圆形，质柔嫩。总状花序直立，顶生或侧生；先端急尖。总状花序顶生或侧生；花白色，微带红晕。果序下垂，轴不增粗；浆果扁球形，熟时紫黑色；种子平滑。花期6—8月，果期8—10月。原产美洲，后引入栽培，或逸生。分布于广东、香港、江西、福建、湖北、云南。

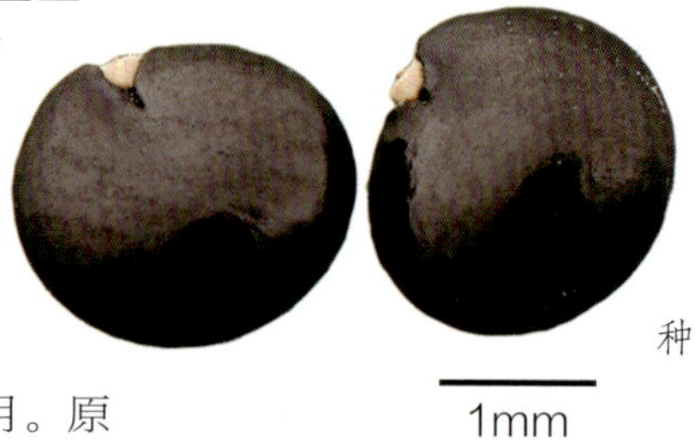

垂序商陆的果序下垂，成熟时由青色变为紫黑色，有光泽，多汁。全株有毒，根和果实最毒，含多种毒皂苷，谨防误食引起中毒。

种子
1mm

花

未成熟果实

成熟果实

车前

别　　名　蛤蟆叶、车轱辘菜
科　　属　车前科车前属
拉丁学名　*Plantago asiatica* L.

花

花蕾

草本。叶基生呈莲座状，宽椭圆形或宽卵形。穗状花序，花具短梗；花冠白色，裂片狭三角形。蒴果纺锤状卵形、卵球形或圆锥状卵形。花期4—8月，果期6—9月。生于草地、沟边、田边、路旁或村边空旷处。分布全国各省区。

相传西汉霍去病跟匈奴抗战中，时值夏季，水源不足，士兵纷纷出现尿赤、尿痛等症状。后马夫无意发现马匹们安然无恙，是因为吃了战车前的一种野草，于是汇报给霍去病，大家效仿吃这种野草，果然病除，因此该野草得名"车前草"。全草和种子药用，有清热、利尿作用。

全株

草本·171

石萝藦

别　名　水杨柳
科　属　萝藦科石萝藦属
拉丁学名　*Pentasachme caudatum* Wall. ex Wight

植株

草本。叶膜质，狭披针形，顶端长尖，叶柄极短。伞形状聚伞花序腋生，着花4～8朵；花冠白色，裂片狭披针形；副花冠成5鳞片，顶端具细齿。蓇葖双生，圆柱状披针形。花期4—10月，果期7月至翌年4月。生于石缝、林谷、溪边。分布于江西、广东、广西、海南、湖南、云南、香港。

石萝藦喜欢生长在水边潮湿地方，对水依赖性非常高，曾经试过折断一小枝鲜活的石萝藦放置阴凉处石头上，几分钟后，叶片缺水焉垂，生机顿失。全株可以入药，有清热解毒作用，可治疗肝炎、风火眼痛等。

花

花枝

蓇葖果

植株

蕺菜

别　名　折耳根、鱼腥草、狗贴耳
科　属　三白草科蕺菜属
拉丁学名　*Houttuynia cordata* Thunb.

茎

　　草本。茎、叶有腥臭味。叶互生，薄革质，心形或宽卵形，两面具腺点，背面紫红色；托叶膜质，下部常与叶柄合生成鞘状。穗状花序生于茎上端，基部有4片白色花瓣状苞片；花小，两性，无花被。蒴果顶端开裂。花期、果期5—10月。生于湿地或水旁。分布在长江以南各省区。野生或栽培。

　　"蕺"字有收藏之意思，"蕺"通"戢"。蕺菜的地下茎可以食用。叶片搓揉后有鱼腥味，别名亦叫"鱼腥草"。不宜多吃，有肾毒性。

全株

果实

虎杖

别　名　斑庄根、酸桶芦、酸筒杆
科　属　蓼科虎杖属
拉丁学名　*Reynoutria japonica* Houtt.

草本。茎直立，无毛，中空，散生红色或紫红色斑点。叶宽卵形或卵状椭圆形；托叶鞘膜质。花单性，雌雄异株，成腋生的圆锥花序；花萼5深裂，外轮3片在果时增大。瘦果椭圆形，有3棱，黑褐色，光亮，包于增大的翅状花被内。花期8—9月，果期9—10月。生于山谷溪边。分布于华南、华中、华东、西南、西北。

嫩茎可以鲜吃，酸甜可口解渴，但不能多吃，有小毒。根供药用，有活血散瘀、祛风解毒、收敛、利尿之效，外用治疮肿。

茎

花

杠板归

别 名	贯叶蓼、刺犁头
科 属	蓼科蓼属
拉丁学名	*Polygonum perfoliatum* L.

植株

攀援草本。茎有棱，棱上有倒钩刺。叶薄纸质，三角形，边缘和下面脉上常有小钩刺；叶柄盾状着生，有倒钩刺；托叶叶状。花序穗状，腋生，花白色或淡红色；苞片膜质；花萼5裂。瘦果近球形，全部包藏于肉质的花萼内。花期6—8月，果期7—10月。生于路旁、水旁潮湿荒地上。分布于华东、华中、华南、西南。

相传有个人被毒蛇咬伤，躺在木板上等待别人救助，服用了这种草药后痛楚解除，自己能扛着木板回家了，因此，该草药得名"杠板归"。

1mm

种子

果实

火炭母

别　名　赤地利、白饭草
科　属　蓼科蓼属
拉丁学名　*Polygonum chinense* L.

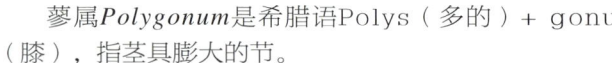

瘦果藏于宿萼内

蓼属*Polygonum*是希腊语Polys（多的）+ gonu（膝），指茎具膨大的节。

全株

花、果实

全株

"V"字形色斑

种子

1mm

多年生草本。茎无毛，无刺。叶互生，卵形或卵状长圆形，常有紫蓝色的"V"字形色斑。聚伞花序，花白色或淡红色；苞片无毛；花萼5裂；雄蕊8；花柱3枚。瘦果卵形，包于宿萼内。花期、果期全年。生于溪旁村边、旷野地等。分布于华南、华东、华中、西南。

叶片中的"V"字，是火炭母欺敌的一种方式，因为火炭母是许多昆虫比如叶蜂、小灰蝶等的食物，火炭母牺牲了一些绿色部分，以黑白相杂，宛如病态的叶子，让昆虫看到后避开。

草本 · 177

生境

华凤仙

别名：水指甲花、象鼻花
科属：凤仙花科凤仙花属
拉丁学名：*Impatiens chinensis* L.

草本。叶对生，近无柄，线状长圆形，边缘疏生小锯齿。花在叶腋单生，花紫红色或白色；旗瓣圆形，背面中肋有狭龙骨突，先端小突尖；翼瓣无柄，二裂；唇瓣舟状，基部延长成内弯长距。蒴果椭圆形。花期3—11月，果期5—12月。喜生于田边、水沟旁和沼泽地上。分布于浙江、江西、福建、广东、广西、云南、香港、澳门、海南。

凤仙花属植物都有着弯弯的花距，昆虫为了采集到藏于花距末端的蜜，会拼命往里面钻，身体会触碰到旗瓣上的雄蕊上的花粉，身上沾满花粉，当它采完蜜，也帮助凤仙花完成了授粉工作。

常见突变之花青素合成障碍

蒴果

花

红孩儿

别　名	裂叶秋海棠
科　属	秋海棠科秋海棠属
拉丁学名	*Begonia palmata* var. *bowringiana* (Champ. ex Benth.) J. Golding & C. Kareg

叶背

果实

植株

草本。根状茎伸长，长圆柱状，匍匐，节膨大。叶互生，具柄；叶片两侧不相等，轮廓斜卵形或偏圆形，边缘有疏齿，掌状3~7浅裂至中裂至深裂，双面被毛。花玫瑰色、白色至粉红色，4至数朵。蒴果下垂，具不等大3翅，大的长圆形或斜三角形，有明显纵纹，其余2个窄。花期8月，果期9月始。生于山坡、水沟边、灌丛下、沟谷林下阴湿处。分布于华东、华南、西南。

红孩儿是掌叶秋海棠*Begonia palmata* D.Don的变种。

花

花

叶

草本。叶基生,圆心形或卵状圆心形,叶背面常带紫色,沿叶脉被粗毛。花粉红色,数朵。同株单性花,即同一植株上雄花和雌花单独开放。雄花:花被片4,红色,雄蕊多数;雌花:花被片3,花柱3,外向扭曲呈环状。蒴果下垂,具有不等3翅,大的翅近舌状,其余2翅窄。花期、果期5—8月开始。生于山谷阴湿石缝中。分布于浙江、江西、湖南、福建、广西、广东、海南、香港。

翻开叶背,可见其紫红色,因此得名"紫背天葵"。叶可以作保健品入药饮用,治疗痛风。

紫背天葵

别　名　天葵
科　属　秋海棠科秋海棠属
拉丁学名　*Begonia fimbristipula* Hance

生境

唇柱苣苔

科　苦苣苔科
属　唇柱苣苔属
拉丁学名　*Chirita sinensis* Lindl.

幼苗

草本。叶基生，叶片草质或纸质，椭圆状卵形或近椭圆形，边缘波状或有浅钝齿，两面被伏柔毛。花序1~2条，每花序有花1~3朵；花冠白色或带淡紫色，下唇内有2黄色纵条，上唇带暗紫色。蒴果线形，被柔毛。花期、果期8—11月。生于山地林中、石崖上或山谷溪边。分布于广东、香港、海南。

在广东省，唇柱苣苔比较常见，特别是在香港和深圳。靠近水源的溪谷上或者潮湿的岩石边，总是能看到一丛丛群生的唇柱苣苔，下唇有2条黄色纵条，色彩艳丽，观赏性颇高，因此也容易被人挖掘带走。

花特写

植株

植株

红花酢浆草

别　名 大酸味草、铜锤草
科　属 酢浆草科酢浆草属
拉丁学名 *Oxalis corymbosa* DC.

酢浆草属 *Oxalis* 是希腊语 oxys（酸），指叶具酸味。

草本。主根圆锥状，肥厚，肉质，有多数根须；地下部分有多数小鳞茎。三小叶复叶，均基生，小叶阔倒卵形，被毛。伞房花序，有花5～10朵；花淡紫红色；花瓣5。蒴果短条形，角果状。花期、果期3—12月。生于低海拔的山地、路旁、荒地或水田中。分布于华东、华中、华南、西南。

其鳞茎极易分离，繁殖迅速。一到春天，在田野里，在菜地里，在路边，甚至在家的阳台花盆里，四处开花，令人猝不及防，抢夺了其他植物的养分，令其他植物没法生存，但花朵漂亮，有时不忍心将其连根拔起，只能任由它们恶性繁殖下去。

花

肉质根

草本 · 183

植株

积雪草

别　名　崩大碗、雷公根
科　属　伞形科积雪草属
拉丁学名　*Centella asiatica* (L.) Urb.

花

花

草本。茎细长，匍匐，节上生根。单叶互生，叶片肾形或近圆形，边缘有宽钝齿。单伞形花序单生或2~3个腋生，每个有花3~6朵，紫红色；花梗极短。双悬果扁圆形。花期、果期4—10月。生于路旁、田边等阴湿处。分布于华南、华东、西南、华中。

积雪草、车前草、鱼腥草和马齿苋是南方农村"四宝"，跟村民的生活有着千丝万缕的关系。当夏日炎炎，在户外劳作出现小便刺痛赤热、尿道感染等病症时采集一把积雪草煮水煎服，几个小时后病症慢慢褪去，恢复正常。

花序　　　　　　　　　　　　　全株

刺芹

别　名：刺芫荽、假芫荽
科　属：伞形科天胡荽属
拉丁学名：*Eryngium foetidum* L.

多年生草本。全株无毛。基生叶的叶柄短；叶片披针形或倒披针形，革质，边缘有骨质锐锯齿，茎生叶着生在每一叉状分枝的基部，对生，无柄，边缘有深锯齿。伞形花序近球形；花极小，多而密集，花瓣白色。果卵球形。花期4月，果期6—10月。生于山地路旁。原产于中美洲，现在热带和亚热带地区普遍有归化。在我国分布于广东、香港、广西、贵州和云南。

本种常用于利尿、治水肿病及治蛇咬伤。嫩叶又作食用，味同芫荽。小时候在农村生活，常采摘洗干净作调味品，用来炒田螺，味道香浓。

幼苗全株

野菰

别　名　烟斗花、鸭脚板、马口含珠
科　属　列当科野菰属
拉丁学名　*Aeginetia indica* L.

果实

野菰属*Aeginetia*是希腊语Aiganen（猎枪），指野菰幼花的形状。

一年生寄生草本。叶鳞片状，疏生于茎的基部。花紫色，单生；花萼佛焰苞状；花冠近唇形，筒部宽，顶端5浅裂；雄蕊4，柱头盾形。蒴果圆锥状。花期4—8月，果期8—10月。分布于我国长江流域及以南地区。

野菰主要寄生于禾草类植物根上，吸食它们的水分和养分，没有正常的绿叶，无法进行光合作用获得养分，只有很少几个小鳞片状叶生于花梗基部。到了秋天，野菰会突然从芒草的根部伸出头来，仿佛低吟着一首情诗：

"我们俩一心同体如芒草，我日日夜夜思念你，并于幽暗之处牵挂你……"

全株

花解剖图

全株

匙叶茅膏菜

别　名　小毛毡苔
科　属　茅膏菜科茅膏菜属
拉丁学名　*Drosera spathulata* Labill.

　　茅膏菜属*Drosera*是希腊语drosos（露珠），指叶上的腺毛顶端膨大状如露珠。

　　草本。叶莲座状密集，紫红色，匙状；叶柄扁平，自下向上渐扩大，下部无毛，上部具腺毛；叶缘与叶面具头状黏腺毛。花瓣5，紫红色。蒴果。花期、果期3—9月。生于山坡和岩石间的灌丛或草丛中。分布于福建、台湾、广东、香港、澳门、广西。

　　匙叶茅膏菜是著名的食虫植物之一，广泛生长在华南地区山野潮湿近水地方。其叶片腺毛会分泌出黏汁，当昆虫或其他微生物靠近时，触动腺毛，会把它们当作猎物紧紧黏住，再消化尸体从而吸取养分。

叶上的腺毛

花

草本 · 187

圆叶节节菜

科 属　千屈菜科节节菜属
拉丁学名　*Rotala rotundifolia* (Buch.-Ham. ex Roxb.) Koehne

植株

　　草本。茎带紫色。叶对生，圆形或阔倒卵形，两面均无毛。穗状花序；花极小，两性，花萼阔钟形，膜质，半透明；花瓣4片，倒卵形，淡紫红色。蒴果椭圆形。花期、果期12月至翌年5月。是生于水稻田或湿地上的一种野草。分布于我国江南各省区。

　　南方地区水稻田里常见的主要杂草之一，可以当作猪饲料，嫩茎叶亦可以当野菜食用。全草入药，有散瘀止血、除湿解毒的功效。

全株

含羞草

别　名 怕羞草
科　属 豆科含羞草属
拉丁学名 *Mimosa pudica* L.

亚灌木状草本。茎有散生、下弯的钩刺及倒生刺毛。小叶10～20对，线状长圆形。头状花序圆球形；花淡红色。荚果长圆形，扁平，稍弯曲，荚缘波状，具刺毛。花期3—10月；果期5—11月。生于旷野荒地、灌木丛中。分布于台湾、福建、广东、广西、云南、香港、澳门等地。原产热带美洲，现广布于热带地区。

含羞草为什么会"含羞"呢？是因为含羞草的叶柄基部和复叶的小叶基部都有一个叶枕，由叶枕控制细胞液引起叶片闭合和下垂。叶子受到刺激后会闭合，过一段时间又重新展开，恢复时间5～10分钟，但如果我们反复去触碰它，它会一动不动不再反应，是因为叶枕所控制的细胞液不能及时得到补充。

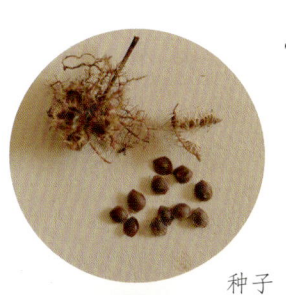
种子

果荚

叶片闭合前

叶片闭合后

荚果　　　　　　　　　荚果和种子

猪屎豆

别　名　响铃草
科　属　豆科 猪屎豆属
拉丁学名　*Crotalaria pallida* Aiton

猪屎豆属 *Crotalaria* 是希腊语 klotalon（音响玩具），指荚果膨胀、干后摇动有声响。

亚灌木状草本。茎枝圆柱形，密被紧贴短柔毛。三出掌状复叶；小叶长圆形或椭圆形。总状花序顶生，具花10~40朵；花萼近钟状，花冠黄色，伸出萼外。荚果长圆状圆柱形。花期、果期5—12月。生于山坡、路边及山谷草丛。分布于我国华南、华中、华东、西南。

嫩枝叶和种子有毒，含生物碱，中毒症状有头晕、头痛、恶心、呕吐、食欲不振，严重者可引起死亡。猪屎豆是亮灰蝶 *Lampides boeticus* 的寄主植物。

全株

花

香港双蝴蝶

别　名　香港蝴蝶草、肺形草
科　属　龙胆科双蝴蝶属
拉丁学名　*Tripterospermum nienkui* (C. Marquand) C.J.Wu

幼苗

双蝴蝶属*Tripterospermum*是希腊语treis（三）+ pteron（翅）+ sperma（种子），指种子具3翅。

缠绕草本。茎暗紫色或绿色，近圆形，具细条棱，螺旋状扭转。茎生叶卵形或卵状披针形，边缘微波状，叶脉3~5条。花单生叶腋，或2~3朵呈聚伞花序；花冠紫色，狭钟形，裂片卵状三角形。浆果紫红色，近圆形至短椭圆形。花期、果期9月至翌年1月。生于山谷密林中或山坡路旁疏林中。分布于湖南、福建、浙江、广西、广东、香港、海南。

即使是在温暖的华南地区，到了秋冬，开花植物也只有少数。能在秋冬肃杀的山野里，看到盛开的香港双龙胆，缠缠蔓蔓，艳丽夺目，令人欣喜。

果实

花

厚藤

别名 马鞍藤、马蹄金、沙藤、走马风
科属 旋花科番薯属
拉丁学名 Ipomoea pes-caprae (L.) R. Br.

匍匐草本。有乳汁。叶互生，宽椭圆形或近圆形，质厚，顶端凹陷，形似马鞍。聚伞花序，有花1~3朵，腋生，花冠漏斗状，紫红色，顶端5浅裂。蒴果卵圆形，4瓣裂；种子被黄棕色短柔毛。花期、果期全年。生于海边沙滩或堤岸草丛中。分布于广东、广西、海南、福建、香港、澳门、台湾。

厚藤叶片的先端明显凹陷或是接近2裂，形如马鞍，所以得名"马鞍藤"。它们能稳稳扎根在沙地上，起到防风固沙美化海岸的作用；同时，也改善了沙地环境，有利于其他植物共同生长。

远观图

果实

种子

生境

五爪金龙

别　名：槭叶牵牛、掌叶牵牛
科　属：旋花科番薯属
拉丁学名：*Ipomoea cairica* (L.) Sweet

缠绕草本。全株无毛。叶互生，指状5深裂几达基部，裂片椭圆状披针形，两面均无毛。花序有花1～3朵，腋生；花冠漏斗状，淡紫红色，顶端5浅裂。蒴果近球形。花期全年。生于山坡林缘、海岸边灌丛及旷野，常攀援于灯柱、树干及篱笆上。原产于亚洲热带或非洲；现归化于全热带地区。

根据资料记载，1912年五爪金龙已在香港归化，现在广东、广西、福建、海南、香港、澳门、台湾等沿海地区已经沦为它们的入侵地，以惊人速度蔓延，已经成为了不受欢迎的入侵植物之一。

果实

花

草本 · 193

植株

别　名	金钱蒲
科　属	水剑草、香菖蒲、石菖蒲
	天南星科菖蒲属
拉丁学名	Acorus gramineus Aiton

草本。根茎芳香，肉质，具多数须根。叶无柄；叶片薄，线形，基部对折，中部以上平展，先端渐狭。叶状佛焰苞；肉穗花序圆柱状，花黄白色。花期、果期2—6月。生于湿地或溪旁石上。分布于我国黄河以南各省区。

在《诗经》中，就有"彼泽之坡，有蒲与荷"的记载，在《礼记·月令篇》中亦有"冬至后，菖始生。菖百草之先生者也，于是始耕"的记载。历代文人多有吟咏金钱蒲（石菖蒲）的诗作。其叶纤细多节，青绿可爱之态，置案头清供，增添情趣；古代雅士们常将它晒干之后置入布袋内作香囊佩戴，味道清冽去浊气。

根茎横走

肉穗花序

犁头尖

别　　名	土半夏、老鼠尾
科　　属	天南星科犁头尖属
拉丁学名	*Typhonium blumei* Nicolson & Sivad.

花

　　草本，块茎球形或头状。叶基生，戟状三角形或心状戟形。佛焰苞暗紫色，顶端长尾状；肉穗花序，上面有暗紫色长圆状附属物。浆果倒卵形。花期4—8月，果期6—10月。生长于沟边、田间、旷野和山沟阴湿草丛。分布于我国华南、华东、华中、西南。

　　叶呈三角状戟形，像农耕工具中的犁头，因此得名"犁头尖"。肉穗花序末端的附属物向上渐尖细成鼠尾状，因此，很多地方人都叫它为"老鼠尾"。花序散发浓厚的臭味，吸引一些逐臭昆虫前来访花授粉。

植株

果实

浆果薹草

别　　名　山稗子
科　　属　莎草科薹草属
拉丁学名　*Carex baccans* Nees

草本。秆密丛生，直立，三棱形。叶基生和生于秆的中下部，长于秆，扁平，叶线形。圆锥花序；苞片叶状，长于花序，基部具长鞘。小穗多数，圆柱形，两性，红褐色，边缘白色，膜质，具芒尖；果囊倒卵状球形或近球形，成熟时鲜红色，有光泽。小坚果椭圆形、三棱形，成熟时褐色。生于山谷、林下、灌丛中、河边及村旁。分布于西南、华南和福建。

块茎及种子供药用，可通经、止血、祛风湿。

叶片

全株

黑莎草

别　名　镰扫把、虾公须
科　属　莎草科黑莎草属
拉丁学名　*Gahnia tristis* Nees

果实

花

草本。丛生，须根粗，具根状茎。秆粗壮，圆柱状，空心，有节。叶基生和秆生，具鞘，鞘红棕色，叶片狭长，硬纸质，边缘及背面具刺状细齿。圆锥花序紧缩成穗状。小坚果倒卵状长圆形，平滑，具光泽，黑色，坚硬。花期、果期3—12月。生长于干燥的荒山坡或山脚灌木丛种。分布于华南、西南、华东。

在广东梅州客家山区，黑莎草使用极为普遍。其叶片韧性好，多作为包装材料使用，用来捆绑木柴、蔬菜等，或打结成网兜状盛物，甚至把茎基部切割，做成把状用以刷洗灶具锅盖，所以别名叫做"镰扫把"。这种材料随处可取，用完燃烧，不会造成污染，相比日益广泛使用的塑料袋，是一个很好的环保替代品。

种子

全株

植株

孢子囊群

孢子

金毛狗

别　名　黄狗头、鲸口蕨
科　属　蚌壳蕨科 金毛狗属
拉丁学名　*Cibotium barometz* (L.) J. Sm.

金毛狗属 *Cibotium* 是希腊语kibotion（小箱），指孢子囊的形状。

草本，高达3米。根状茎卧生，粗大，密被金黄色茸毛。叶丛生于茎顶端，冠状，三回羽裂；羽片长披针形，裂片边缘有细锯齿；幼叶刚出时呈拳状，密被金色茸毛。孢子囊群生小脉顶端，囊群盖形如蚌壳，孢子为三角状的四面形，透明。生于山麓沟边及林下阴处酸性土壤上。分布于华南、华东、西南。

根状茎肥大，卧生，长满金黄色长茸毛，酷似一只伏地小黄狗，因此取名"金毛狗"。金黄色长软毛做为止血剂，又可为填充物，也可栽培为观赏植物。国家二级重点保护野生植物。

根状茎

深绿卷柏

别　　名　石上柏、大叶菜、水柏枝
科　　属　卷柏科卷柏属
拉丁学名　*Selaginella doederleinii* Hieron.

 二型叶
 二型叶

草本，植株高15～35厘米。多回分枝，分枝处常有根托。叶二型，侧叶长圆形，顶端钝，在小枝上的为覆瓦状排列；中叶卵状长圆形。孢子囊穗四棱形，生于枝顶；能育叶卵状三角形，渐尖头，边缘有细齿，四列，交互覆瓦状排列，孢子囊卵圆形。生于林下湿润环境或阴湿沟谷边岩石上。分布于华南、华东、西南。

全草供药用，有清热解毒、止血之功效。此外，植株颜色翠绿，舒展优美，可作新型的园林观赏地被植物，或者盆栽做小盆景。

植株

全株

背面

翠云草

别名	吊兰翠
科属	卷柏科卷柏属
拉丁学名	*Selaginella uncinata* (Desv. ex Poir.) Spring

草本。主茎伏地蔓生，分枝处常生不定根。主茎上的叶较大，卵形或卵状椭圆形；分枝上的叶二型；侧叶平展，彼此疏离或接近，长卵形；中叶伏贴于主茎或枝上，先端指向茎或枝的长轴方向或略偏斜，长卵形。能育叶同型；孢子二型。生于林下湿石上或石洞内。分布于华南、华东、西南。

羽叶浓密似云纹，叶面有蓝绿色荧光，在阳光下色彩特别明显，且嫩叶翠蓝色，因此取名"翠云草"，常当作优良观赏地被植物。

叶背特写

芒萁

别　　名　芦萁
科　　属　里白科芒萁属
拉丁学名　*Dicranopteris pedata* (Houtt.) Nakaike

孢子囊

叶背

芒萁属*Dicranopteris* 是希腊语dikranon（二叉状的）+pteris（蕨），指叶二叉状分歧。

草本。根状茎横走，密被暗锈色长毛。叶远生，叶柄棕禾秆色，光滑；叶轴一至二回二叉分枝，第一次分叉处有托叶状羽片；末回羽片阔披针形，篦齿状，裂片平展，35~50对。叶为纸质，上面黄绿色，下面灰白色。孢子囊群圆形，在主脉两侧各排成一行。生于荒坡或林缘，酸性土壤指示植物。分布于我国长江以南各省区。

在森林砍伐后或放荒后的坡地上常成优势的群落，能耐干旱、贫瘠，属于山火之后的先锋植物。在广东一些偏远山区，天然气不普及，芒萁是一种常用的厨房薪柴类燃料。

植株

全株

孢子囊

石韦

别　名　飞剑草、石剑
科　属　水龙骨科石韦属
拉丁学名　*Pyrrosia lingua* (Thunb.) Farw.

　　石韦属 *Pyrrosia* 是希腊语 pyrrhos（火红色的），指孢子囊群火红色。

　　草本，植株高 10~30 厘米。根状茎如粗铁丝，长而横走。叶近二型，革质，上面疏被星状毛，下面密覆灰棕色星状毛；不育叶和能育叶同形或略较短而阔，叶柄基部均有关节；叶片披针形至矩圆披针形。孢子囊群在侧脉间紧密而整齐地排列，无盖。附生树干或岩石上。分布于长江以南各省区。

　　石韦是常用中药材石韦的来源植物之一，《中国药典》有收录，全草入药，味甘苦，性微寒，有清湿热、利尿通淋等功效。

孢子囊

苏铁蕨

科 乌毛蕨科苏铁蕨属
拉丁学名 *Brainea insignis* (Hook.) J. Sm.

 叶面

 叶背

苏铁蕨属 *Brainea* 是源于英国商人C. J. Braine的名字。

大型土生蕨类，植株高达3米。根状茎粗短，木质，为直立或斜上的圆柱状主轴。叶簇生于主轴的顶部；叶片一回羽状；羽片30~50对，对生或互生，线状披针形至狭披针形。叶脉两面均明显，沿主脉两侧各有一行三角形或多角形网眼，网眼外的小脉分离，单一或一至二回分叉。孢子囊群沿主脉两侧的小脉着生，成熟时逐渐满布于主脉两侧，最终满布于能育羽片的下面。生于山坡向阳地方。广布于广东、香港、广西、海南、福建、云南。

苏铁蕨虽然名字有"苏铁"两字，但不属于苏铁科。其叶脉非常有特色，正面及背面都很明显，沿主脉两侧各有一行三角形网眼，图案奇特。国家二级重点保护野生植物。

植株

乌毛蕨

别　　名　龙船蕨
科　　属　乌毛蕨科乌毛蕨属
拉丁学名　*Blechnum orientale* L.

拳卷叶

　　草本，植株高1~2米。根状茎粗短，木质，黑褐色，连同叶柄基部密生钻状披针形鳞片。叶簇生；叶柄棕禾秆色，坚硬，上面有纵沟；叶片卵状披针形，革质，长达1米左右，宽20~60厘米，基部略变狭，一回羽状；羽片多数；无柄，全缘。孢子囊群条形，沿主脉两侧着生脉。生长于较阴湿的水沟旁及坑穴边缘，也生长于山坡灌丛中或疏林下。分布于我国长江以南各地区。

　　乌毛蕨为酸性土壤指示植物，其生长地土壤的pH值为4.5~5.0。其拳状嫩芽开水煮沸再浸泡，去除涩味后，可以当野菜食用，味道滑腻可口。

全株

孢子囊分布

拳卷叶

草本· 205

藤本

TENGBEN | 草木南粤（山野篇）

生境

刺果藤

别　名　大滑藤
科　属　梧桐科 刺果藤属
拉丁学名　*Byttneria aspera* Collebr. ex Wall.

　　刺果藤属 *Byttneria* 源自德国植物学家D.S.A.Buettner（1724—1788）的名字。

　　木质大藤本。叶广卵形、心形或近圆形，上面几无毛，下面被白色星状短柔毛。花小，淡黄白色，内面略带紫红色。蒴果圆球形或卵状圆球形，具短而粗的刺。花期春、夏季。生于疏林中或山谷溪旁。分布于广东、广西、云南、香港、澳门、海南。

　　蒴果带有短而粗的刺，因此得名"刺果藤"。当果实成熟后水分减少，会爆炸开裂，长圆形种子弹射出去，此为借用自力来传播种子。本种的茎皮纤维可以制绳索。

种子 　　　　　　　花 　　　　　果实

白花油麻藤

别　名　禾雀花、勃氏黧豆
科　属　豆科黧豆属
拉丁学名　*Mucuna birdwoodiana* Tutcher

叶片　　　　　　　　果实

种子

花

大型木质藤本。老茎外皮灰褐色，断面有血红色汁液形成。羽状复叶具3小叶；小叶近革质，顶生小叶椭圆形、卵形或倒卵形，总状花序，有花20~30朵，呈束状；花冠白色或浅绿白色。荚果木质，带形；种子近肾形，有毒。花期3—4月，果期5—11月。生于山地林中、路旁、溪边。分布于华南、华东、西南。

相传民间某地禾雀一群群成患，偷吃稻谷，造成灾害，百姓无可奈何。何仙姑知道后，用一根野藤，念动咒语，施展法术，把这些禾雀全部捆起来了，挂在山野的大树上，只准它们在每年3月份清明节前后禾苗青黄不接的时候出来现身，在稻谷成熟之前，又把它们变成回禾雀花，囚禁在山野里。

山橙

别　名　马骝藤
科　属　夹竹桃科山橙属
拉丁学名　*Melodinus suaveolens* (Hance) Champ. ex Benth.

花

山橙属*Melodinus*是希腊语melon（苹果）+dinos（迴旋的），指植物体缠绕而果的形状似苹果。

攀援木质藤本，有乳汁。叶对生，近革质，卵形、矩圆形或矩圆状披针形，叶面深绿色有光泽。聚伞圆锥花序顶生或腋生，花冠白色，高脚碟状，芳香，副花冠成5裂，伸出花筒外，花冠裂片5枚，向左覆盖。浆果球形。花期4—11月，果期8月至翌年1月。生于丘陵、山地疏林或灌丛中。分布于广东、广西、海南、香港。

浆果球形，成熟后橙红色，像日常食用的芸香科的橙子，所以取名"山橙"。果实成熟时采摘晒干后可以入药，治疗胃气痛、膈症、疝气、皮肤湿癣等，有小毒，含生物碱。

果实解剖图

果实

幼苗　　　　　　　　　　气生根

蔓九节

别　　名　上树龙、穿根藤
科　　属　茜草科 九节属
拉丁学名　*Psychotria serpens* L.

攀援藤本。攀附枝有一列短而密的气根。叶对生，厚纸质，幼茎上的叶片卵形或倒卵形，生殖茎上的叶片椭圆形、倒披针形或倒卵状长圆形，全缘，边缘反卷。聚伞花序顶生，有花多朵，花小，白色，芳香，花冠筒内喉部有毛。浆果状核果球形，具纵棱，白色。花期4—6月，果期全年。常以气根攀附于树上或石上。分布于浙江、福建、广东、海南、广西、香港、澳门。

蔓九节幼苗时期，常常以气根攀援树干或岩石上，叶片对生，紧贴着树干往上生长，宛如一条青龙上树，别名也叫"上树龙"。成年植株跟幼苗时期植物形态差异颇大。

果实

藤本 · 211

植株

果实

鸡矢藤

别　名	鸡屎藤、牛皮冻
科　属	茜草科鸡矢藤属
拉丁学名	Paederia foetida L.

藤本。叶对生，纸质，形状和大小变异很大，宽卵形至披针形，顶端急尖至渐尖，两面无毛或下面稍被短柔毛。聚伞花序排成顶生带叶的大圆锥花序，腋生而疏散少花，淡紫红色。核果球形。花期6—10月，果期10—12月。常生于路边、林旁及灌木林中，常攀援于其他植物或岩石上。分布于西南、华东、华中。

叶片搓揉碎后，有一股鸡屎臭味，因此得名"鸡矢藤"。广东农村常用鸡矢藤叶熬汁后倒入米浆中，佐以白糖做糯米粑粑，具有非常好的药膳作用。全株入药，有祛风利血、解毒、活血消肿等功效。

鸡眼藤

别 名 小叶羊角藤、细叶巴戟天
科 属 茜草科巴戟天属
拉丁学名 *Morinda parvifolia* Bartl. ex DC.

花

果实

全株

攀援藤本。嫩枝密被短粗毛。叶形多变，倒卵形、倒卵状倒披针形、倒卵状长圆形，全缘或具疏缘毛。伞状花序排列于枝顶，具花3~17朵；无花梗；花冠白色。聚花核果近球形。花期4—6月，果期7—8月。生于平原路旁、沟边等灌丛中或平卧于裸地上；丘陵地的灌丛中或疏林下亦常见。分布于江西、福建、台湾、广东、香港、海南、广西。

聚花核果近球形，熟时橙红至桔红色。果实表面有若干个凹进去的洞，是子房下位凹进去的坑，跟人体足部皮肤病"鸡眼"外形相似，因此得名"鸡眼藤"。

果枝

羊角藤

科　属　茜草科巴戟天属

拉丁学名　*Morinda umbellata* L.

花

植株

木质藤本，有时呈披散灌木状。嫩枝无毛。叶纸质或革质，倒卵形、倒卵状披针形或倒卵状长圆形，全缘，上面常具蜡质，光亮，无毛。花序3~11伞状排列于枝顶，具花6~12朵；花4~5基数，无花梗；花冠白色，钟状。聚花核果近球形或扁球形。花期6—7月，果期10—11月。攀援于山地林下、溪旁、路旁等疏阴或密阴的灌木上。分布于华南、华东、华中。

羊角藤与鸡眼藤的主要区别在于：羊角藤的枝和叶两面光滑无毛，叶片较长；鸡眼藤的嫩枝有毛，叶片多少有毛或局部有毛，叶片较短。

未成熟果实

成熟果实

植株

别　名	涩叶藤、锡叶
科　属	五桠果科锡叶藤属
拉丁学名	*Tetracera sarmentosa* (L.) Vahl.

锡叶藤

木质藤本。多分枝，枝条粗糙，幼嫩时被毛。叶革质粗糙，矩圆形，全缘或上半部有小钝齿。圆锥花序顶生或生于侧枝顶；花小，多数；萼片5个，宿存；花瓣通常3个，白色，卵圆形；雄蕊多数。果实成熟时候黄红色，有残存花柱。花期5—11月，果期7—12月。生于山地海拔低的山林中或路边。分布于广东、海南、广西、云南、香港、澳门。

叶两面极粗糙，可用于擦净锡器，故名"锡叶藤"。种子黑色，基部有黄色流苏状的假种皮，颜色鲜艳，引人注目。

花

黄色假种皮

花枝

东风草

别名　大头艾纳香
科属　菊科艾纳香属
拉丁学名　*Blumea megacephala* (Randeria) C.T.Chang & C.H.Yu ex Y.Ling

艾纳香属 *Blumea* 是源于德国植物学家Karel Lodewijk Blume（1796—1862）的名字。

攀援状木质藤本。叶片卵形、卵状长圆形或长椭圆形，边缘有疏细齿或点状齿。头状花序疏散，花黄色，雌花多数，细管状；两性花花冠管状。瘦果圆柱形，冠毛糙毛状，白色。花期8—12月，果期7—12月。生于林缘或灌丛中，或山坡、丘陵向阳处，极为常见。广泛分布于云南、四川、贵州、广西、广东、湖南、江西、福建等地。

其花序数量少，外形比较大，直径1~1.5厘米，所以，别名又叫作"大头艾纳香"。

花枝

全株

微甘菊

别　名　小花假泽兰、薇甘菊
科　属　菊科假泽兰属
拉丁学名　*Mikania micrantha* Kunth

花

草质藤本。匍匐或攀援，多分枝。叶片长三角状心形，边缘具数个粗齿或浅波状圆锯齿，两边无毛。头状花序多数，在枝端常排成复伞房花序状，花有香气；花冠白色。瘦果长椭圆形，黑色。花期、果期8—11月。原产地为南美洲，广东归化为野生种。

微甘菊为头号有害入侵野草，被称为"植物杀手"，是当今热带、亚热带地区危害最严重的杂草之一。英文名叫做"Mile-a-minute Weed"，意思是"一分钟爬行一英里速度的杂草"（1英里=1.61公里），形容其繁殖速度之快。

生境

植株

无根藤

别名：无头草、金丝藤
科属：樟科 无根藤属
拉丁学名：*Cassytha filiformis* L.

无根藤属 *Cassytha* 是希腊语 kassyein（消逝），指根叶退化。

寄生缠绕藤本。靠盘状吸根吸附寄主植物上生长。茎线状，绿色或褐绿色，幼时被锈色短柔毛，老时无毛。叶鳞片状。穗状花序，密被锈色短柔毛；花小，无梗，花被筒白色。核果卵球形，为增大的肉质果托所包被，顶端具宿存的花被裂片。花期、果期5—12月。生于向阳处山坡灌丛中。分布于云南、贵州、湖北、江西、福建、浙江、广东、香港。

无根藤的根系退化，借盘状吸根攀附于寄生植物上，故名"无根藤"。它的吸器穿过寄主的表皮层以便吸取寄主的水分和养分。笔者曾经在深圳梧桐山做过一天的统计，在一个山坡上寻找到超过25种的不同寄主植物，可见无根藤对寄主植物选择的广泛性。

花

无根藤的吸盘

无根藤吸附在毛菍叶片主脉上

未成熟果实

拉丁学名	科 别	属 名

龙珠果

毛西番莲、龙吞珠
西番莲科 西番莲属
Passiflora foetida L.

　　草质藤本。有臭味，茎被平展柔毛。叶膜质，阔卵形至长圆状卵形，边缘呈不规则的波状；两面被长伏毛。聚伞花序退化仅存1花，与卷须对生；花白色或者淡紫色，副花冠由多数白色的丝状体组成，呈流苏状，排成3～5轮；雄蕊5枚。浆果卵圆形。花期7—8月，果期翌年4—5月。常见逸生于荒山草坡或者灌丛中。原产美洲，我国华南及西南地区有归化。

　　花萼具有一层羽裂状苞片，花凋谢后结果，果实小心翼翼地在浓密的苞片保护中成长，苞片上有腺毛。果实成熟后变黄，味道酸甜，可以鲜食。

花

成熟果实

花

两面针

别　名 入山虎、钉板刺、光叶花椒
科　属 芸香科花椒属
拉丁学名 *Zanthoxylum nitidum* (Roxb.) DC.

果实

叶面针刺

木质藤本。茎、枝、叶轴下面和小叶中脉两面均着生钩状皮刺。奇数羽状复叶；小叶3~11，对生，革质，卵形至卵状矩圆形，边近全缘或微具波状疏锯齿，无毛。伞房状圆锥花序；花4数，淡黄绿色。蓇葖果成熟时紫红色，有粗大油腺点，顶端具短喙，种子球形，黑色，有光泽。花期3—5月，果期4—11月。生于低海拔温热处。分布于广东、广西、福建、湖南、云南、台湾、香港、澳门。

幼苗的时候，小叶的正面和背面中脉都生长着尖锐的皮刺，所以叫做"两面针"，能够拒敌于几米之外，让一些动物无法靠近，一些植食性动物亦无法进食，这也是植物自我防御的一种方法。植株长大后，皮刺会慢慢褪去。

果实

野木瓜

别　　名：七叶莲、山芭蕉
科　　属：木通科野木瓜属
拉丁学名：Stauntonia chinensis DC.

木质藤本。掌状复叶有小叶5~7片；小叶革质，长圆形或长圆状披针形，先端渐尖，基部钝，边缘略加厚，上面深绿色，有光泽，下面浅绿色。花雌雄同株，通常3~4朵组成伞房式总状花序；萼片外面浅黄色或乳白色，内面紫红色；蜜腺状花瓣6枚，舌状。浆果椭圆形。花期3—4月，果期9—10月。生于林下山谷或灌木丛中。分布于华南、华中、华东、西南。

浆果成熟时黄色，可鲜食，味道清甜，可谓为野果之王。山中鸟兽深知此类野果好吃，经常看见黄色果壳悬挂，而里面果肉早已被啄食干净。

果枝

果实　　　　　　　　花

全株

钩吻

别名 断肠草、大茶药、胡蔓藤
科属 马钱科钩吻属
拉丁学名 *Gelsemium elegans* (Gardn. & Champ.) Benth.

木质大藤本。叶片膜质，对生，卵形或卵状披针形，全缘。聚伞圆锥花序顶生或腋生，花冠黄色，漏斗状，花冠筒内喉部具淡红色，带斑点。蒴果椭圆形，未成熟时具2条纵槽，成熟后褐色；种子肾形，围以不规则齿裂的膜质翅。花期10—11月，果期12月至翌年3月。生于路旁灌木丛或疏林下。分布于广东、广西、浙江、福建、贵州、云南、香港、澳门。

全株剧毒，含有钩吻碱等8种生物碱，对猪有驱蛔虫功效。南方地区广泛分布。一些百姓由于识别能力不够，容易把钩吻当成金银花煲凉茶饮用，而引发中毒死亡事件。

幼苗

果实

果实

石柑子

别名：百足藤、蜈蚣藤
科属：天南星科石柑属
拉丁学名：*Pothos chinensis* (Raf.) Merr.

附生藤本。茎节上常束生长1~3厘米的气生根。叶柄具宽翅，连翅为倒卵状长圆形或狭三角形；叶片卵形、椭圆形或披针形，两面无毛，全缘。佛焰苞状；肉穗花序近球形至椭圆形；花两性，花被片6，雄蕊6。浆果椭圆形，成熟时红色。花期、果期全年。常匍匐于岩石上或附生于树干上。分布于台湾、湖北、广东、广西、四川、贵州、云南、香港、澳门。

全株入药，治劳损性腰腿痛。

叶

气生根

花序

植株

花

阔叶猕猴桃

别　名　械叶牵牛、掌叶牵牛
科　属　猕猴桃科猕猴桃属
拉丁学名　*Actinidia latifolia* (Gardn. & Champ.) Merr.

种子
1mm

猕猴桃属*Actinidia*是希腊语actinos（光线）+eidos（相似），指花柱放射状。

大型藤本。叶坚纸质，通常为阔卵形，有时近圆形或长卵形，边缘具疏生的突尖状硬头小齿，背面密被灰色至黄褐色紧密的星状绒毛。大型聚伞花序；花淡黄色，有香气。浆果暗绿色，圆柱形或卵状圆柱形，具斑点，无毛或仅在两端有少量残存茸毛。花期5—6月，果期9—11月。生于林缘或路边。分布于我国长江以南。

阔叶猕猴桃叶形较大，通常长8～13厘米，宽5～8.5厘米，最大可达15厘米×12厘米；果实未熟时涩口，成熟后味道甜酸，可以鲜食。

果实解剖图

果枝

独蒜兰

别　名　一叶兰
科　属　兰科独蒜兰属
拉丁学名　*Pleione bulbocodioides* (Franch.) Rolfe

假鳞茎

花

半附生草本。假鳞茎卵形，顶端具1枚叶，叶狭椭圆状披针形或近倒披针形。花葶从无叶的老假鳞茎基部发出，顶端具1~2花；花粉红色至淡紫色；唇瓣上有深色斑，倒卵形，不明显3裂，上部边缘撕裂状，通常具有4~5条褶片。花期4—6月。生于常绿阔叶林下或灌木林缘腐殖质丰富的土壤上或苔藓覆盖的岩石上。分布于西北、西南、华南、华中。

曾经观察其假鳞茎，只有一颗，如蒜粒，可能这就是名字"独蒜兰"的来由了。独蒜兰极为少见，其姿色秀丽，观赏性很高，跟紫纹兜兰可以说是广东野生兰科植物中的"绝代双娇"。

生境

罗浮买麻藤

科 属 买麻藤科买麻藤属
拉丁学名 *Gnetum luofuense* C. Y. Cheng

植株

种子

花

藤本。茎枝较粗大，皮孔不显著。叶片薄或稍带革质，矩圆形或矩圆状卵形，网脉在两面明显。雄花花穗有9~11轮环状总苞；雌花花序的每一花穗有10~15轮环状总苞。种子长圆状椭圆形，无柄。种子成熟期7—10月，橘黄色。生于林中，缠绕于树上。分布于广东、福建、江西、香港、海南。

本种与小叶买麻藤 *Gnetum parvifolium*（Warb.）C. Y. Cheng ex Chun的主要区别为：叶大而质薄，无光泽；种子大，长圆状椭圆形。在广东常用其皮部纤维作编制绳索的原料，因质地坚硬，性能良好。

藤本·225

叶片
孢子囊

海金沙

别　名 左转藤、金沙藤
科　属 海金沙科海金沙属
拉丁学名 *Lygodium japonicum* (Thunb.) Sw.

藤本，植株高达1~4米。叶二型，不育羽片尖三角形，长宽几相等，二回羽状；一回羽片2~4对，互生，基部一对卵圆形；二回小羽片2~3对，卵状三角形，互生，掌状三裂；末回裂片短阔。能育羽片卵状三角形，长宽几相等。孢子囊穗长2~4毫米，排列稀疏，暗褐色，无毛。生于林缘或灌丛中。分布于我国长江以南各省。

全株入药，有通利小肠和除湿热肿毒、小便热淋等功效。

全株